粂の詩

鈴木　喬

東京図書出版

粢の詩◇目次

1　訃報

２０１３年３月21日。

事務所に行ったらメールが入っていた。豊蔵さんが亡くなったという知らせだった。３月17日とのこと。娘の沙央さんからのメールだった。

つい先日に彼から久しぶりに電話があって、たまたま私は不在だったが、このところ体調も整ってようやく会社に出られるようになったのでご飯でも食べよう、という内容のことづけだった。早速電話をしてみたら、取り込んでいるようであまり話もできないまま、小さな声で、いつがよいかまた電話を入れる、といって電話が切れてしまった。どうしたのだろう珍しいことだと思いつつ、電話を心待ちにしていたが連絡はなかった。

急変したらしい。あの電話の後、何かあったのだろうか。あの時もちょっと不安な気がして、会社に行ってみようかとも思ったのだがつい行きそびれた。あの時会いに行けばよかったのだ。

葬儀は遺言により家族で済ませたとのことだった。後日線香をあげに行こう。

彼とは30年を超えるつき合いになるだろうか。彼は私にとって、学生時代の友人を別にすれば、社会に出てからの知り合いで最も胸襟を開いて話し合えた友人だった。私がそれまで知り合ってきた友人とは、明らかに類を違える人物であったのだ。大いに影響も受けた友人だった。

彼は「玄米の粉体化」に生涯をかけて取り組み、それに殉じたといってよい。殉ずるとは大げさに聞こえるかもしれないが、今彼の生涯を思う時、その言葉がふさわしいと思うばかりだ。

豊蔵さんは自ら発明した玄米全粒粉「リブレフラワー」を手に掲げて、農業革命、食糧革命、社会革命にまで思索を深めていった。彼にとって「玄米の粉体化」は、「たかがコメを粉にするだけのこと」ではなかったのだ。

豊蔵さんは自分の考えを、多少諧謔をこめて「粢教《クロコメ》」と称してその伝道に努めた。「粢」の字は音はシ、訓はシトギと読み神に捧げる食べ物の意だそうだが、豊蔵さんはその字を玄米の意でクロコメと読ませていた。

彼は事業家というより、ロマンチストな思索家であり詩人であった。リブレフラワーを武器として革命家たらんとした人だ。革命などというと今や夢物語に聞こえるが、豊蔵さんは結構本気でそう思っていたのだ。

彼はその気質からすれば、生まれる時代が少し遅すぎたのかもしれないし、挑んだ分野からすれば、少し時代に先駆け過ぎたのかもしれない。

農業問題、食糧問題、社会問題、安保問題などについて、多くの言を労する学者、知識人、政治家、専門家はあまたいるが、彼のように具体的なモノを手にその方法を模索し、実社会の活動の中で、その実現に生涯を賭けた人はまれだろう。だから彼の説くビジョンに多方面の多くの人達が元気づけられ、彼の周りに集まって彼に協力したのだろう。

見る人によっては、彼はドン・キホーテと映っただろうし、彼自らがいうように「夢食うバク」だったかもしれない。しかし私は言を労するだけの人間より、具体的なモノをもとに実践する人間が好きだし、ちょっと変わって世にある人が好きだから、彼の夢に長い間つき合うことになったのだ。

もっと時間が経った後で、彼の言葉が皆に納得を持って思い出されることがあるに違いないと思うばかりだ。

２０１３年5月24日。

豊蔵さんの娘の沙央さんからお別れ会を6月7日にしたいとのメールがあった。その前にできれば会って父親のことをいろいろ教えて欲しいというので、今日会って話をした。会社の相談役をしている人も一緒だった。しばらく前から娘さんが会社の方を手伝っていたから、これからは彼女が主体としてやっていくのだろう。

豊蔵さんは自分のことを娘さんにもほとんど話すことがなかったようだ。豊蔵さんは誰にでも自分のことはあまり話さない人だった。それは秘密主義というより、シャイだったのだ。

私は彼と知り合ってから彼がどんなことを考え、どんなことをしていたかを、私が知っている範囲で話をした。二人には初めて聞く話が多かったようだ。

別れ際に、彼の形見のコートを貰って欲しいというのでいただくことにした。彼が生前、私なら着こなしてくれるだろうから、といっていたものだとのことだ。彼はとてもお洒落だったから、洋服は「銀座英國屋」のものをあつらえていたようで、高そうなコートだった。私はどちらかというと安物が似合うのだが。

私は手元にあった彼との写真や、書いたもの、一緒にやったいろいろな企画書などを彼女に渡した。お寿司をご馳走になり、お別れ会への出席を約して別れた。

2013年6月7日。

今日豊蔵さんのお別れ会が、会社「シガリオ」内で執り行われた。お別れ会といっても、本当に親しかった人が三々五々会社に集まって、彼の思い出などを話し合うという気楽なものだった。

私が顔を出した時にはWさんや鹿野さんの他数人がいた。Wさんは農水省の高職にまでなった人で、豊蔵さんのよき理解者でいろいろ力を貸してくれ、退職後もシガリオの相談にのって助けてくれていたのだ。

鹿野女史は豊蔵さんが東京で活動を始めた当初から彼を支えてくれていた人だ。その後もシガリオがいろいろ変化する中でも、終始変わることなく豊蔵さんを支え続けてくれた人なのだ。

田中君はいなかった。彼はこのところ糖尿病で体調が悪いのかもしれないとの話であった。彼がそんな状態だとは初めて知った。

田中君は、シガリオが大きく社会に乗り出そうとするきっかけに功労があり、ある時期はシガリオの社員として豊蔵さんを支え、その後会社を離れた後も、最後まで豊蔵さんに協力を惜しまなかった人なのだ。豊蔵さんが元気な頃、三人でよくリブレフラワーの普及のためにいろいろ地方に出かけたものだ。

大阪の谷田君からはウイスキーが届けられていた。彼は豊蔵さんの大阪時代からのよき理解者であり、同志兼弟子のような存在で、豊蔵さんが東京に来てからも私と共にいろいろな企画に参画してくれていたのだ。もう随分会っていない。一度会いたいものだ。

皆でリブレフラワーの製品をつまみながら豊蔵さんのことをいろいろ話をしたり、彼が昔、大阪時代に書いたものなどをみせてもらったりした。彼の昔書いたものは内容、文体共に実に彼らしい先鋭的なものだった（中には達筆過ぎて読めないものもあったが）。コピーを貰おうと思ったが忘れてしまった。今度機会があったら貰うことにしよう。

今の社員に豊蔵さんのことを話して欲しいとのことだったので、彼が玄米全粒粉に込めていた志、理念、夢などの話をした。

帰りに彼が最後の病室でそばにおいて読んでいたという本『ニーチェの言葉』を貰って帰った。彼は昔からニーチェが好きだったのだ。娘さんにはなにかあった時にはこれを読め、全部これに書いてあるからといっていたそうだ。

彼に対する感慨と感謝はつきない。冥福を祈るのみだ。

桜に寄せての献句

またひとり花に誘はれ遠ざかる
たましひの行方もつげづ花筏
わが友もこの眼で愛でよ桜花

2　出会い・岐阜時代

1

そもそも私が豊蔵さんに初めて会ったのは、尾張一ノ宮にある宗教団体の道場だった。変な場所で会ったものだが、これにはいろいろ事情があった。その話から始めよう。

私は１９６５〜66年の約一年半ヨーロッパにいて、二年遅れで大学を卒業して、フランス帰りの進来廉氏の建築設計事務所で五年間働いた。

事務所の同僚に広畑君がいて、彼の芸大での友人松尾君がよく事務所に遊びに来ていた。広畑君も松尾君もデザイン系だったが、建築にも興味を持っていたのだ。

当時事務所では１９７０年の大阪万博の仕事で、ワコール・リッカーミシン館の設計の仕事をしていた。これは進来さんのフランス時代の友人である画家の堂本尚郎さんが、京都の友人人脈に働きかけて実現したものだった。堂本さんは総合プロデュースと同時に館内に設置する彫刻を手掛け、進来さんが設計を担当することになった。

その堂本さんの彫刻制作のアシスタントとして松尾君は協力することになって、事務所でいろいろ一緒に仕事をすることになった。

私はその建物の担当だったので、設計も終わり現場が始まるようになると、豊中に家を借りて住み始めた。松尾君もその関係で万博会場の現場にもよく来ていたから、大阪では我が家に泊まって一緒に現場に通ったりしていた。

その仕事がきっかけで彼は彫刻家を目指すようになった。その後彼は彫刻の制作に励み、銀座の画廊で個展を開き、彫刻家としてデビューした。


私が進来廉さんの事務所を辞めて1972年に三十歳で事務所を始めた頃、松尾君は三重県の津に住んで、彫刻を制作するかたわら、地元の家具メーカーの仕事を手掛けていた。やがて彼は津での仲間と「スペースファーム」という会社を立ち上げて、いろいろ建築の企画の仕事もしていた。その頃、私は彼との仕事の関係でよく津に行っていたのだ。

ある時彼の津の仕事仲間から、尾張一ノ宮にある宗教団体が富士山の裾野にモニュメントの宝塔を建てるので彫刻家を探している、という話が彼のところにあった。彼は楕円球をテーマにした彫刻を作っていて、それを重ねた塔状の作品があったのだ。

どんな話か定かではなかったが、取りあえずその教祖さんという女性に会いに行くことになり、彼の助っ人として私も一緒に行くことになった。

その教祖さんの道場で豊蔵さんに会ったのが、最初の出会いであった。確か１９８０年代初めの頃のことだから、私が四十歳ぐらいで、豊蔵さんは四つ年上だから、四十半ばだったはずだ。以後三十年をこえるつき合いとなった。

なぜ豊蔵さんがそこにいたかというと、彼はその頃岐阜の学校給食関連会社と玄米全粒粉の展開を共同で始めていて、その会社の社長の臼井さんがその教団によく通っていたので、その関係だったようだ。あの辺りにはご利益宗教が沢山あって、多くの人が一つや二つのそういう場所に行って何かと悩みを相談するのが、決して珍しくないようだった。

豊蔵さんはその関係でその教祖さんとは見知っていたが、彼も負けずと宗教がかったところがあったから、教祖さんのほうでもなにかと彼に相談事をかけていたようだ。

教祖さんの相談相手とはなんとも不思議な話ではあるけれど、教祖さんには、人間関係や家族問題や仕事の問題（主に金策の問題）等々、いろいろな人生相談が持ち込まれていたから、それによい助言や解決策を与えてあげるのは大変だったようだ。教祖さんにしても信者や教団関係者以外の相談相手が必要だったのだろう。

豊蔵さんも臼井さんのこともあるから、彼女の相談相手になっていたのだが、ある時彼女曰く、弥勒菩薩（？）が夢枕に立って富士山の麓に宝塔を建てるようにとのお告げがあった、ということで、この摩訶不思議な夢の実現の手助けを彼に頼んでいたようだ。

彼もそういう浮世離れした話は嫌いではないから、大阪時代の仲間の人脈でそんな話に乗る彫刻家を探していたのだ。

そこで津にいた豊蔵さんのかつての大阪での仕事仲間から、その話が松尾君に持ち込まれたのだった。松尾君も私もどちらかというと、そういう妙な話が嫌いではなかったから、我々二人は尾張一ノ宮の教団道場に出かけて行った。

一ノ宮の道場に行ってみたら、お寺のようなところで若い信者の女性が白い衣装を着て皆で歌を歌い、鐘を鳴らしながら踊っていた。教祖の女性は一見、物静かなきれいな初老の女性だった。教団内では尊師と呼ばれていた。

尊師のかたわらに教団関係者とおぼしき人が数人いて、豊蔵さんは少し離れて座っていたが、彼は一見してただ者ならざる雰囲気で存在感があった。

尊師が教団の話や塔の今までの経緯やらを話したりしたが、その話し振りなどは頭のよい女性という印象で、私などはなんだか拍子抜けの感があった。

後で豊蔵さんに聞いたところでは、彼女はああ見えて、突然神がかったことをいいだしたり、行動に出たりするのだということだった。巫女や祈禱師のごとき神事も行うようであったが、詳細は判らない。

尊師といろいろ話した後で、松尾君が作品集などを見せながら熱弁を振るううちに、尊師と意気が合ったようだった。私と豊蔵さんは塔の話は二人に任せて他の話を始めたが、すぐ意気投合して彼の玄米全粒粉の話に興味が移った。

それを期に松尾君は塔の仕事を始めることになった。私もその関係で、よく松尾君と一ノ宮の道場に行って豊蔵さん共々、尊師と話し合ったりした。

ある時、尊師や信者の一行とともに我々三人も富士山の麓に出かけたことがあった。同行する信者の中には元宝塚の女性やら、昔映画のスクリーンで見覚えのある顔やら、かなりの数の信者がいた。また教団の関係者だろうか、なにやら意味不明の荷物を携えている人達もいて、摩訶不思議な一行であった。

皆でマイクロバスで山中湖畔に到着したが、雨勝ちな天気であった。そんな中、尊師が衣を正して祈ると少し日が差してきたりしたから、取り巻き一行は感嘆の声を上げたりしていた。

泊まった場所も、多分信者の関係する場所なのだろう、対岸に富士が見える宿泊施設だった。湖畔を探索しながら尊師はやおら、あの辺りに１００ｍの宝塔を建てたいなどと山麓を指さすのだが、どう見ても私などには勝算薄きお伽噺としか考えられないのだった。ちょっと考えても、国立公園の中に宗教関係の目立つ塔などを建てることが許可されるわけはないだろうと思った。

しかしこの世界には、こういうことを結構真剣に考える人がいるようで、それは塔の話とは別の意味で、私には興味深いことだった。

この旅行の間我々は、教団の皆からチラチラ観察されている感があった。まあそれは我々三人は教団の部外者なのだから当然のことだったろう。中でも私はこの話では特に部外者であったから、ここになんでいるのだと思われたことだろう。

夜、教団の関係者の人が私に「貴方は今悩みや苦しみを抱えている様子には見えないが、そのうち人生なにが起こるか判らない。今のうちに人生を見つめ直して、正しい生き方を考え、求めたほうがよいのではないか。見るところ貴方はそういうことに無関心を装っているようにも見えるが、それは考えものだ。どうもこのままだと、貴方の霊は死後日本に安んずることができず、行き場もなく外国の地をさまよう運命にあるように思われる。気をつけたほうがいいですよ」というようなことをいわれた。

「それは願ってもないことだ」と口から出そうになったが、それではトラブルになるから「ご忠告かたじけない。お言葉だけを頂戴します」とかなんとかいったと思う。あれは勧誘だったのだろうか。

以後、その種の話には私はいたって冷淡であったし、松尾君は彫刻第一だし、豊蔵さんは、信者になるくらいなら教祖になるという態度だったから、教団での話はもっぱら宝塔の話だけとなった。

私はそれまで、死に関しては思いを巡らすことはあったが、宗教に関してあまり真剣に考えたことはなかった。信仰の面から近づこうとしたことはなかったし、心の拠り所としてそれを考えたこともなかった。しかし、人がそうすることに反対するものでは勿論なかった。またいろいろな方面の本を読み漁る中で、仏教などの認識論としての思想面には、それなりの興味を覚えて、少しはその方面の本を手にしたことはあった。

しかし、ここでの体験はそういう意味での興味を引くものではまるでなかった。

だがこのような宗教団体の活動が、昔から広く巷で受け入れられ、世の人々に必要とされてきたということは、別の意味で私にとって興味あることだったし、考えさせられることだった。

私は未知のものに出合い、体験するのは嫌いではなかった。

2

そんなことがあったりして、宝塔の話は中々進展をみなかったが、それでも場所を教団の関係する場所に変更する案などが浮上したりして、立ち消えになることはなかった。その後松尾君は彫刻のスタディを始めていたし、私も時々岐阜に出向いていた。もうその頃には、松尾君はまだしも私は、塔の話より豊蔵さんの玄米全粒粉の方に興味が移っていた。

豊蔵さんは大阪で完成させた玄米全粒粉を「リブレフラワー」と命名して、それを携えてここ岐阜に来て、臼井さんの協力で「銀座シガリオ」という会社を立ち上げたのだった。この名前は今に銀座に店を出すぞという願望と、人にステータスを感じさせたいということで命名したのだろうか。

シガリオとは漢字で「粢芽莉穂」と書く。この命名に関して、豊蔵さんは後年出版した著作『ライスパワー』(ナイスデイ・ブックス　1989)の中でこう書いている。

1982年、粢芽莉穂元年、わたしは「銀座シガリオ」という会社を設立、玄米の微粉化を成功させた。「シガリオ」とは、漢字で書けば「粢芽莉穂」。粢《くろこめ》は、神事に供える穀物の総称であり、ここでは稲および玄米をさす。芽は萌芽、莉は常緑の小灌木で、花は芳香をはなち、茶に入れる茉莉《まり》に由来する。また穂は穀物の実である。わたしは粢《くろこめ》が、芽吹きから収穫、そして馨しい食料となるまでに吸収した自然の生命、豊穣な大地のエネルギーを、この四つの文字にコメ、米を〝コナ文化〟として国際化することで、世界を〝シガリオの里〟にしようという思いをこめて社名にしたのだ。

さらに「リブレフラワー」についてはこう続けている。

そして商品名を神が与え給うたコナの意味をこめてRice Blessing Flourのイニシャルから「リブレフラワー」と名づけて、ブランド名とした。

私はこの命名の中にも、豊蔵さんという人間の資質がよく表れていると思う。

なお、神事に供える穀物の意の「粢」という字は、音で「シ」、訓で「シトギ」と読むとあるから、「粢」を「クロコメ」と読むのは、豊蔵さんの我流読みであろう。

豊蔵さんと臼井さんの関係は、大阪の開発時代かららしい。

豊蔵さんがリブレフラワーを完成させた1982年当時のことが、『ライスパワー』によればこうある。


――


（リブレフラワーの完成が）1982年春のことである。

とはいえ、尾羽打ち枯らした一介の素牢人のわたしに、このノウハウを企業化する資金などありようはずもない。

わたしがついにコメの粉体化のノウハウを開発したことを知って、知人の大手乳業メーカーのオーナーから、「ノウハウを特許権買い取りの条件で、関連事業としてやらないか」という誘いもあり、あるいは大手食品メーカーも同様のアプローチをしてくるなど、わたしの開発したノウハウを生かすチャンスがなかったわけではないが、わたしは、そういう誘いとわたしの理想とが一致するとはどうしても思えなかった。

わたしは、いまや個人の利欲のみでこの事業を企業化したいと考えているのではない。人はパンのみに生くるにあらず、である。思想を捨てては、わたしは生きていけない。生きる意味がないではないか。だが、とはいえ、いまのわたしには、自分独自でこのノウハウを実現していく方途はない。

しからばいっそ、製品の実現のために企業の誘いを受けるべきか。と思いつつ考えていたところへ、フジフーズ販売時代に（豊蔵さんは昔さる農協に頼まれて、その関連会社である餃子メーカーの役員やその販売会社の社長をしていたことがあるのだ）知己となった餃子の機械をつくっていた臼井透逸社長から、自分が理事長をしている岐阜のパン給食センターの一角を利用してスタートしてはどうかという強い誘いがあった。これならば、わたしは自分のコメにたいする独自の理念を掲げつつ粉体化を事業化できる。わたしは岐阜行きを決断した。

（）は引用者の補足

この臼井さんは苦労しながら一代で結構会社も大きくし、岐阜で広く学校給食用のパンなどを扱っていた人だが、どこか大陸の大人の雰囲気のある柔和な人柄だった。

家も大きかったが、風呂場がすごかった。これが長年の夢だったといっていたが、外が見える広い浴室に、大人が数人は楽に入れるような檜の湯舟があって、一日中お湯が満々と溢れていて何時でも入れるのだった。これは確かに、功を為した時実現したい夢の一つに違いないと思ったものだ。

豊蔵さんは岐阜市内に工場を持っていたが、それは古い小さな町工場で、会社の体裁も働き手もまだまだ整っていなかったから、とてもお客に胸を張って案内できるようなものではなかった。

リブレフラワーは、様々に二次加工できる玄米全粒粉であって、小麦粉と同様に全てに応用可能であったが、二次製品の開発もまだ充分ではなく、岐阜市内に店舗が二カ所ほどあったが、世間の製品理解度も知名度もまだまだの状態だった。

豊蔵さんは、当初より「人を創るもとは食だ」と主張し、特に成長期における食の問題が重要だと考えていたから、学校給食を手掛けている臼井さんと共同で、この分野に乗り出そうとしたわけである。それで学校給食用のパンなどの線を随分働きかけているようだったが、成果は未だ満足するものではなかったようだ。

しかし豊蔵さんの周りには、彼の夢に共感する大阪時代や岐阜での仲間が結構集まっていたから、彼はいたって意気軒昂で、それらの仲間と新たな製品開発やら、将来の計画やらを議論して飽くことがなかった。

岐阜ではまた、玄米の焙煎釜の改良にも手をつけた。リブレフラワーは玄米を焙煎して粉体化するものであったが、多量の玄米を半生にならず、炭化することもなく均一に焙煎するのは、そう簡単なことではなかったのだ。

それまでは鉄製円筒形の釜を密封して、回転させながらガスの直火で焙煎していた。それだとどうしても、釜の中の玄米の躍り具合を常に一様にするのが難しく、焙煎具合にムラが生じやすいのだった。

そこで、松尾君がいろいろ考えて、彼の彫刻のモチーフである楕円形にヒントを得て、楕円筒形にしたところ、これが予想外にうまくいったのだった。以後、その形状の釜でいくことになった。

やがて私も岐阜に行くうちに、だんだんと豊蔵さんの相談相手として時間の許す限りで、彼に協力するようになっていった。

岐阜に行くと、豊蔵さんとその仲間と市内の居酒屋に行ったり、臼井さんの家で集まったりすることが多かったが、私だけの時には豊蔵さんの家に行くことがあった。その家が豊蔵さんらしい、建築家の私から見てもユニークな家だった。

家の中央に広い部屋があって、それがまるで古代ギリシャの劇場遺跡のごとくで、中央の舞台状のスペースから、客席のごとく階段状の床スペースが壁に向かって何段かにせり上がっているのだった。中央の絨毯の上で、芝居の登場人物よろしく胡坐をかいて、酒を酌み交わして話し込んだ。

豊蔵さんは、奥さんと二人の娘さんと暮らしていた。その頃下の娘さんはまだ小さく寝ていて会えなかったが、それが今会社を切り盛りしている沙央さんだったのだ。

―

私は岐阜では、改めて市内見物をすることもなかった。金華山に登ったり、鵜飼見学をしたこともなかった。

それでも朝などに時間があると、古き家並みの残る河原町などをブラついた。ここは昔の長良川の水運で栄えた当時の風情が残っていて、川に面した裏手に回ると、昔は川から直接出入りした名残も残っていて、建築的にも興味ある場所だった。

そんな中、臼井さん、豊蔵さん、松尾君と私で、板取川上流にある洞戸村に行ったことがあった（今調べると、もう洞戸村は関市に合併されているらしい）。

洞戸村は長良川に注ぐ板取川上流の山間部の村で、自然に囲まれた景観の美しい場所で、林業が盛んで、キャンプ地や天然鮎の産地としても有名なところだった。

その村で、豊かな自然や林業、農業を主体として村おこしの計画が始まっていて、それに食関係も含まれていたから、それにシガリオが参加できないかという話がどこからかあって、皆で出かけたのだった。

そこは清らかな清流と深い緑に囲まれた、古き日本の風景の残るすばらしい土地だった。

我々は役所の人や地元の林業・農業関係者などと話をして、少し我々のほうでも計画を考えてみようということになった。

その後、我々で「洞戸ファーム計画」という村おこしマスタープランを考えた。

それは林業を活かした木工芸術村、体験教室を含む「ハンズカルチャーピア」と、健康・運動の為の「ヘルスファーム」と、それに隣接する「シガリオの里」からなるというものだった。

「シガリオの里」では洞戸村産の玄米によるリブレフラワーをメインとして、地元食材による食の展開をはかり、滞在・宿泊客にそれらを供する計画だった。

一カ月ほど後、村の公民館でこの計画案提示と豊蔵さんの講演を行った。それなりに興味を示してもらったものの、先ずはお金の出処がはっきりしなければ進まない話であって、村としてもその当てがまだはっきりしているわけではなかった。シガリオにしてもお金の協力はとても無理な話であったから、それ以上ことは進展をみなかった。

今ネットで調べてみると、洞戸地区は自然の中での滞在型・協働型コミュニティーを目指して施設の充実が図られ、人々の関心も呼んでいるようである。


その洞戸村に行っていたある日、明治の廃仏毀釈で廃寺になった折、破棄を免れた仏像を集めた収蔵庫があるというので、かなり上流の高賀神社というところへ行った。

それは別に公開しているわけではなかったが、頼んで見せてもらうことができた。

薄明かりの収蔵庫の中に、予想を上回る仏像が並んでいた。かなりの出来栄えの像ばかりで、中にどう見ても円空仏と思われるものが、かなりあるのにはびっくりした。

神社に確かめると確かに円空仏だとのことだった。これこそ洞戸のお宝だろうと思った。円空は全国行脚の修行を積みながら、各地でいわゆる円空仏を多く残したと聞くが、この高賀神社にも度々訪れて、この地方でも多くの円空仏を残したそうだ。ここが円空の終焉の地だとも伝えられている。

それから二回ほど皆で臼井さんの運転で、奥飛騨温泉郷の最奥部にある新穂高温泉へも行ったことがある。ここは北アルプス登山の起点となっているのだが、臼井さんの知り合いがやっているロッジがあった。そこはおいしい料理が評判で、リブレフラワーを使った料理を出してくれていたので、出かけたのだが、半分は物見遊山だった。

臼井さんが今が見頃だろうというので、帰りに郡上八幡から長良川沿いに帰って来たことがあったが、それは実に見事な紅葉であった。郡上八幡という所は、街中にきれいな水路が目立つ昔ながらの家並みで、また今度ゆっくり来てみたいと思ったものだ。

――

その後、豊蔵さんとは東京進出の話などで、東京でよく会うようになった。

豊蔵さんとの出会いの発端となった、宝塔建設の話はその後も続いていたようだったが、もう私の頭の中からは消えかかっていた。

だから随分経った後で、松尾君からようやく完成したと連絡があった時にはビックリした。その間、宝塔の話はまだまだ紆余曲折でいろいろあったようだった。

最終的には１９８６年、松尾君の執念が実って、富士山ではないが岐阜の養老という教団の関係する土地に、36ｍの高さの塔が建ったのだった。彼はそれをオーバルタワーと命名していた。

しかし、私は未だにそれを見る機会はない。


そもそも松尾君は大学卒業後、柳宗理氏のデザイン事務所にいたりした後、彫刻家としてデビューしたのだが、その後文化庁の研修員としてハーバード大学に在席し、帰路イタリアのデザイナー・マンジャロッティのところにいたりした。帰国後は、三重で彫刻製作に勤しんでいたのだが、宝塔の話があったのはその時期のことだったのだ。

彼はその後活動の場を求めて中国に渡った。今は北京に住んでいて、大学で教えながら彫刻を制作している。

3　粂と黒真珠・大阪時代

1

私は岐阜時代からの豊蔵さんしか知らないから、それまでの事情はいろいろ話に聞いたところもあるが、彼はあまりプライベートな話はしなかったので、前述の著書『ライスパワー』で知ったことが多かった。

豊蔵さんは名は康博、１９３７年台湾で生まれたそうだ。私より四歳上になる。九歳で敗戦で大阪に引き揚げてきたそうだから、大阪の産といっていいだろう。その影響もあるのかどうか知らないが、私は彼が大阪弁を喋るのを聞いたことがない。

豊蔵さんは七人兄弟の末っ子だそうだが、私は彼の家族や縁者のことを特に聞いたことがないので定かではないが、確かお姉さんがいて、その旦那さんは豊蔵さんを手助けしていて、岐阜の工場を仕切っていたと思う。

それに豊蔵さんが「兄貴」と呼ぶ豊蔵姓の人がいて、一人は旧建設省で事務次官をやった人だし、もう一人は大阪で大きな弁護士事務所をやっていたはずだ。彼らが兄弟なのかまたは従弟ぐらいの人なのかも判らない。

豊蔵さんがその後いろいろ難しい局面にあった時、その「兄貴」の助けを借りればいいのにと思ったこともあったが、彼はそれを潔しとしなかった。その訳を知る由もなかったが、それが彼の矜持だったのだろう。

十代は早熟な問題児だったようで、勉強などそっちのけで、哲学書などを読み漁っていたらしい。

高校では自由登校、自主下校で、三年生頃には兄などのいる大学でもぐり授業を聞いていたそうだ。高校卒業後も大学に行かず、独学、浪人を決め込んでいて、東京へも出て、偽学生として、いろいろな大学で興味ある授業を聞いていたという。

そんな豊蔵さんに二十歳頃に転機が訪れて、暫くは経済の世界に生きようと思ったそうだ。

「経済の究極は資源論である。資源の加工と有効利用効果が経済のダイナミズムである」と見定めて、「日本にあって、唯一固有の資源は『日本人』と『コメ』しかないではないか」、こう結論づけたという。そして、なぜ我々はコメを粒でしか食べないのだろうと不思議に思ったという。

そもそものコメとの出会いは、幼児期に母乳が出なかった母から与えられた味覚に始まるといっている。玄米を石臼ですりつぶした粉を牛乳に混ぜて与えられたのだという。勿論それを覚えているわけではないが、それが意識下の味覚として残っているのだという。

確かにそういうことなのだろうが、私にはこの話は少し後づけのよくできた説明の感がする。

いずれにしてもそれは、突然の啓示というより、きっかけは小さなことだったかもしれないが、時の流れの中で、豊蔵さんの心の中で発酵し、気がつくとコメへの熱情に取りつかれていたというようなことではなかろうか。

―

何故コメは粒でばかり食べて、小麦のように粉にして食べないのだろう、という素朴な疑問の出発点から、豊蔵さんはどう考えを巡らせ、行動したのだろう。

粒ではなく小麦のように粉にして食べれば世界中でコメを食べるようになるはずだし、玄米のほうが小麦粉より栄養価に優れ健康にも環境にもよいはずなのに、と不思議だったという。

玄米にはカルシウムを除くほとんど全ての栄養価と豊富なミネラル分が含まれているので、玄米の粉食化が世界に広まれば小麦よりはるかに世界に貢献するはずなのにと不思議だったという。

そこである大学の教授（大阪府立大学農学部の教授だそうだ）を訪ねてその疑問をぶつけたところ、コメは二次加工できるようなものにするのは非常に難しいのだ、といわれたそうだ。

教授曰く、コメの澱粉は小麦と違い熱を加えているときは柔らかいが冷めるとベータ化して固化するのでせんべいやお餅にはなるがパンには適していない。それに玄米は油分が多く酸化し易いのに、粉末にすると余計に酸化し易くなるから、もっと危険なのだ。それに玄米のビタミンやミネラル分は粉にするとその時の摩擦熱で壊れてしまう。だから昔からコメの粉といえば上新粉のようにミネラル分を落とした白米で作るし、その加工範囲も限られてしまうのだ。成分を保持したまま何にでも二次加工できる玄米粉の開発など不可能に近いからお止めなさい、とのことだったという。

彼がそれでも、もしそれができたらどうなりますかと聞いたら、それはもう革命事で世界の食や農業の変革をもたらし飢餓問題解決に貢献するかもしれない、とのことだった。

そこで豊蔵さんとしては、それなら自分がそれに挑戦してみようと思ったそうだ。彼の反骨精神がそうさせたのだろう。

やっと自分の活躍できる夢の舞台が見つかったと思ったかもしれない。

豊蔵さんはコメに関してはズブの素人だったから、まずは持ち前のパワーでいろいろな分野の専門家の話を聞き回ったようだ。しかし聞けば聞くほどこれは容易ならざることだと悟って、コメについての知識を得ようとある食品会社で働いたこともあったというが、何も得るものはなくすぐ辞めたそうだ（彼が真面目に会社勤めする姿はとても想像できない）。

始めてみると、玄米の粉体化というのは、その技術的問題だけでなく、他にも大きな問題があることに気がついたという。

ある酒類問屋の常務に玄米粉体化の構想を話した時の、その人の反応をこう書いている。

面白い話だが、まずむりだろうね。きみ、食品業界には〝コメ加工には手を出すな〟という格言があるのを知っているかい。つまり、コメは食管法という法律によって統制されていて、自由に売買できない主食なんだ。だから、民間人が手を出すことはタブーとされているんだよ。もっとも酒だけは別だがね。

豊蔵さんは、玄米の粉体化は、技術開発だけではなく、事業化のためには、政治的・経済的条件のきびしい二重、三重の障害があるのを痛感したという。

それと同時に彼は、この壁を破る決意を強く心に決めたという。

2

その後、ともかく開発の資金を確保することが必要だというので、仲間を募って「BP

Aタンク」というシンクタンクの設立を計画した。Bはブレイン、Pはプランニング、Aはアソシエイションで、「頭脳企画連合」だという。

様々な分野、特に情報関係事業の立案・計画に参加し、コピーライターやデザイナーや芸能人を養成する学院を設立したりもしたという（曾我廼家明蝶を学院長とする明蝶芸術学院というそうだ）。

また当時ある餃子のメーカー（「餃子の王将」だといっていたな）から宣伝企画を頼まれ、当時売り出し中の笑福亭仁鶴を起用したテレビコマーシャルが人気を博して、大成功を収めたこともあったそうだ（確か仁鶴がただ「ギョウザノオーショー、ギョウザノオーショー……」と早口で一気に息の続く限り叫び続けるというものだった気がする）。

それもあって、宣伝やイベントの企画などをいろいろ手掛けていたようだが、その世界で稼いだ〝あぶく銭〟を全て玄米粉体化につぎ込んだという。

そういう活動をする中で、当時大阪で活躍していた藤本義一を中心とする作家グループと知り合うことになる。

以後その仲間として、哲学やら文学の議論をしたりしながら、青春の一時期を共にすることとなった。

藤本義一とその仲間は、当時テレビで人気の深夜番組『イレブンPM』の大阪版に関わっていて、大橋巨泉の東京グループと張り合っていた。内容、出演者共に、大阪版のほうが過激であった。

そして豊蔵さんはそんな中で、皆の集まる「ブラック・パール」というクラブを作って、梁山泊よろしくそこに夜な夜な仲間が集まって論争をしたり、『イレブンPM』の企画を考えたりしていたようだ。

その辺の事情は『ライスパワー』で次のように語られている。

……その間に知己となった作家の藤本義一さん、飯干晃一さん、眉村卓さん、安藤孝子さんらと語らって「黒い真珠（ブラック・パール）」という溜まり場をつくりもした。

ブラック・パール＝BP、すなわちブラック・フィロソフィー＝黒い哲学。

人生にとってブラック・フィロソフィーこそ真理であると、藤本さんや飯干さんがレギュラーだったテレビ番組「イレブンPM」が終わると、明け方まで酒を飲んで怪気炎をあげていたものだ。当時の「イレブンＰＭ」のメインゲストもほとんど来て、ときめく男と女たちの夜が華やかにくりひろげられていた。

思いつくままにあげてみても、作家で五木寛之さん、野坂昭如さん、戸川昌子さん、笹沢佐保さん、阿部牧郎さん、田辺茂一さん、華房良輔さんなど。

芸能界ではこの六月に夭折した天才歌手美空ひばりさん、森繁久彌さん、宮城千賀子さん、清川虹子さん、丹下キヨ子さん、まだデビューしたばかりだった大原麗子さん、あるいは落語家や漫才師の面々。それに変わったところでは、赤軍派の重信房子が歌手の加藤登紀子さんといっしょに二、三回来たことがあり、後に週刊誌から執拗な取材を受けることになった。

とにかく、面白いことに「黒い真珠」は、右翼のボス格から全共闘の過激派まで、四十年代前後の時代を先駆ける男たち女たちが出入りしていて、社会の縮図といったところがあり、わたしはといえば、右翼左翼の双方からなぜか同志のように思われていたのだ。彼らともよく議論したが、私の〝独善の論理〟を屈服させるものはほとんどいなかった。

これを読むと、彼の人との付き合いの基本が、この時代のままその後の彼の人生においてもなんら変わっていないことに気づかされる。

藤本さんとその仲間との交流は、豊蔵さんの中にあった、哲学や文学への情熱を再び呼び起こしたことだろう。彼は前にも増して哲学書などを読み漁り、様々な文を書いたりもしていたようだ。

彼の偲ぶ会の時、当時の「ブラック・パール」の開店の案内状が残っていたが、西鶴ばりの文体の、寄席開きのような異色の口上だった。

——

私はもちろん「ブラック・パール」に出入りしていた人々を知るよしもないが、一度豊蔵さんと京都に行った時、祇園で食事をしようということになった時のことを思い出す。豊蔵さんは、この辺りは一見客お断りの店が多いからといって、誰かに電話を入れて小さなカウンター割烹の店を紹介してもらったことがあった。誰に紹介してもらったのかと思ったら、それが安藤孝子さんだった。彼女は祇園で有名な芸妓だったのだが、例の『イレブンＰＭ』の司会をすることになった藤本義一さんの初代アシスタントとして抜擢されて、その名が知れ渡ったのだった。

もうだいぶ時を経ているだろうに、「ブラック・パール」時代の仲間に直ぐ連絡がつくのには、チョット驚かされた。

その後、安藤さんが東京の麹町に肩の張らない京料理の店を始めたことがあって、豊蔵さんと二、三度行ったことがある。安藤さんは、昔そう呼んでいたのだろう、豊蔵さんを、確か「ヤスオ」とかなんとか呼んでいて、そんな時の豊蔵さんのはにかんだような顔を思い出す。

豊蔵さんはそういう「ブラック・パール」での交友の中にあっても、玄米粉体化への模索と試みは続けていたようで、そのことを誰にも〝秘して語らず〟だったという。

しかし、豊蔵さんはもう万博が終わる頃には「ブラック・パール」の世界も所詮〝虚業〟と見定めて、店を人にゆずり、〝実業〟の世界に突き進む決心をしたそうだ。

豊蔵さんの岐阜時代後を知る私から見ると、確かに彼は「ブラック・パール」から「シガリオ」に夢の舞台を移したのだろうが、彼の心の内にある「言葉の世界」は彼の「実業の世界」と表裏一体となって最後まで離れなかったと思う。

豊蔵さんは後年、東大教授の松本元氏との対談で、若き日に考えていた自分の人生設計の話をしている。

それによれば、「60才以降をアガリと考えて、10代は詩人、20代はロマンに賭ける戦士として生き、40代で実業の世界に入って、50代で政治の世界に向かう。60代は宗教」といっている。

豊蔵さんがどこまで本気でそう考えていたか判らないが、そういう要素は確かに彼の中で混在しているし、概ねそのように生きたと言えるかもしれない。

3

豊蔵さんは米の粉体化の開発を二十代で始め、彼自身は科学者でも食品の専門家でもないので、様々な学者、食品関係者、エンジニア、市井の発明家等々を巻き込んで研究を続けたわけで、稼いだお金は全てそれに消えていったという。

それから二十年余り、四十歳になって、豊蔵さんは「リブレフラワー」の原型となるものを作ることに成功し、それを玄米焙煎微粉粒「ミンネ・リオレ」と命名し、ＢＰＡタンクの事業として、世に問うべく活動を開始した。

当初は成績も順調で、「不覚にも〝黄金の覇者〟を夢見たのだが、勿論そんな不遜な夢は一瞬にして破れ、わたしは恐怖のどん底につきおとされることになる」のだった。製造工程の不備により製品にカビが発生し、倉庫は返品の山となった。それでも困窮の中で借金を重ね、機械と製品の改良に取り組んだが、それも間に合わず、社員への給料未払のまま、資金決済のメドも立たない状態で万策尽きたという。

豊蔵さんはこの事業の債権者に対して自分の気持ちを訴え、再建委員会が設置されることとなった。債権者は好意的であったが、しかし社員の未払い給料のための資金作りがどうしてもできなかったという。

ある人に相談したところ、一つ方法はあるといわれたという。「労働基準法によれば、給料はなによりも優先する債務であって、給料を支払わずに手形決済などにあてることは、一種の横領罪に相当する。そのことをタテにとって、社員が豊蔵さんを労働基準局に訴えることだ」

結局その方法で、社員の未払い給料は代行支払いされたという。豊蔵さんも検察による不正経理の有無に関し約一年に及ぶ調査を受けたが、最終的には刑事事件にならず、微料を納めて終わったそうだ。この辺の法的問題は私にはよく理解できない。

結果的には会社は倒産となり、豊蔵さんは裸同然となり、妻子共々実家に帰り、再起を期すしかなかったという。

しかし豊蔵さんの玄米全粒粉に対する情熱はそれに負けることなく、以前のようによろず相談事に関わりながら、稼いだお金で改良を続けた。

二年後に改良した完成品を作りあげ、それを「リブレフラワー」と命名して、臼井さんの協力の下岐阜において「銀座シガリオ」を立ち上げて、再度の挑戦にこぎつけたわけだ。

まさにその時期、私は豊蔵さんと出会ったのである。

4

彼はあくまで玄米の栄養価をそのまま保持し長持ちする二次加工できる粉を目指していたから、ハードルが高かったのだ。

彼の言によれば、白米は蒔いても芽を出さない死んだコメだ、ホールフードの玄米による粉体でなければ意味がない、ということだ。

彼の発明したリブレフラワーとは基本的には、澱粉のベータ化を防ぐために焙煎技術で玄米を丸ごと仮死状態のようにして、さらにその粒をカットするのではなく石臼でのごとく細胞を破壊せずほぐして、薬の粉末と小麦粉の中間の25ミクロンの微粉粒にするというものだ。玄米の粉体は小麦粉の細かさでは、どうしてもざらつく繊維質の食感が残ってしまうからだといっていた。

炭化させずに芯まで一様に焙煎させる技術が難しく、また玄米の栄養価を傷つけないように小麦粉と薬の中間までの微粉粒にするのが難しかったそうだ。

そうして完成した粉は、ベータ化も酸化もせず栄養価を保ったまま長い時間鮮度を保ち、そのままで食べられるし小麦と同様に二次加工もできる粉だった。彼には夢のような粉に思えたという。

完成後、豊蔵さんはリブレフラワーの性能を「日本食品分析センター」に依頼していた。その栄養分析試験の結果は、玄米の栄養分のみならず全てのミネラル分が破壊されずに残っていたものだったという。

さらに、食品衛生法に定めた農薬残留試験においても、農薬は検出されない結果だったので、豊蔵さんはこの粉の性能に自信を深めたという。


後日談になるが、実は日本に昔から似たような玄米粉が存在することが判ったのだ。それは偶然に判ったことだった。

私の幼馴染の床屋がメジロを飼うのを趣味にしていた。

昔からメジロの鳴き合わせ会などがあって江戸時代などはかなり盛んだったようだが、時代も変わって野鳥を捕まえたり飼ったりすることが禁止になった。それでもアンダーグラウンドでその趣味を続ける人達はいて、秘かに鳴き合わせ会などを開いていたという。

それぞれ趣向をこらして鳴き声のよくなるように工夫を凝らして育てていたらしいが、

実はこのすり餌がそれだった。

メジロは飼って卵を産ませることはできないし、餌も虫や普通の餌では食べないものらしい。餌にしていたのは、玄米を時間をかけてホーローの皿で炒って、乳鉢ですり潰したものを練って与えるというものだった。

まさに原理的にはリブレフラワーと一緒だ。ただ大量にはできないし、粒もそれほど細かいものではなかった。私はその友人が毎日時間をかけて作るその餌を分けてもらって豊蔵さんに見せたことがある。彼はその粉にジッと見入っているばかりだった。

—

その当時コメは生産、流通、価格など全てにおいて国の統制品だった。

大戦中はコメを始め主要穀物は全て、食糧管理法によって国の管理下に置かれていて、コメは配給制であったが、食糧難は国民を圧迫し、ヤミ米や農家への買い出しが横行した。その状況は終戦後もしばらくは変わることがなかった。

１９５０年代になると、コメも増加傾向に転じ、１９６０年代を過ぎるころになると逆にコメ余りの事態が生ずることになっていった。これは新種改良などによる増産と同時に、欧米型のパン食を主体とする食生活の変化が大きく影響していた。

国は古来、米作が日本農業の礎であるとしていたから、生産者価格と消費者価格の二重の価格設定によって、コメの生産流通を安定あるものとして制御していた。

しかし１９７０～80年代になると、状況の変化によって、需要に比べて供給が大きく上回る事態となった。その不均衡を是正する良策もないまま、やがて消費者価格より生産者価格が上回るという逆ザヤによる国の食管赤字が増え続け、過剰米が古米、古古米として倉庫に溢れかえった。


豊蔵さんがリブレフラワーを世に問う十年ほど前のこの時期、実は農水省は余剰米の解消策として、コメの粉食化政策を掲げたことがあった。

当時食糧庁は在野のメーカーに、コメを粉にして、３％でいいから小麦粉を混ぜて、余剰米消費に協力することを要請（実は強制だが）したそうだ。

しかしこれは、コメの澱粉質のベータ化や玄米のミネラルの酸化に対して、なんら技術的改良のないまま、ただコメを粉にしてパンやうどんを作るというものであったから、見事に失敗したのだった。

この経験がトラウマとなって、以後農水省においては、コメの粉体化は禁句となっていた。これが当初の豊蔵さんの活動に対する、政府関係者や世の人々の心理的障害となっていたことはいなめない。

しかし国はコメ余りと消費の減少の板挟みの中で、明確なビジョンも良策も持ち得ず、減反政策という苦肉の策で対応せざるを得なかった。これはコメ作りに精進する人々の心を、愚弄するものであったに違いない。

食糧管理法が廃止されたのは1995年であるが、それでも米に関する国の管理統制の残余はまだ残っていて、米の販売・流通が完全に自由化されたのは2004年で、減反政策にいたっては、2014年の時点では未だ廃止されていないのだ。

私が豊蔵さんと知り合った後の1990年代には、日本の米の置かれた特殊性に不安定性をもたらす別の事態も起きた。

1993年に記録的な冷夏に見舞われて、深刻なコメ不足が起こった（平成の米騒動と呼ばれた）。急遽、タイなどからの緊急輸入などでその急場を凌ぐことができたが、それは食管法のほころびの始まりだった。

翌年から生産は回復したものの、その後各国からのコメの自由化への圧力が強まり、我が国のコメ輸入拒否の政策はなし崩しとなっていった。

貿易自由化競争の中で、日本が貿易立国する限り、工業製品の輸出の見返りに、食料輸入も止むなしとの意見が強くなっていった。

稼いだお金で、食糧は外国から買えばいいではないか、困った農家には補助金を出せばいいではないか、というわけである。

—

日本は主要国の中で最も食料自給率が低いのが現実である。かつてはコメは100%の自給率を誇っていたが、今や50%を切っているし、それも食生活の変化による需要の低下が、数字を下支えしているような状況である。

今や食糧自給率の低さは食糧安保上も大問題となっている。

また農業、特に米作における後継者問題は深刻である。

このままでは米作りの衰退が、農業・食糧問題にとどまらず、稲作が基盤となって支えてきた、日本の循環型自然国土や、自然共存型の生活がこのまま存続できるかどうか、という危惧を多くの国民に抱かせる事態となっている。

そういう日本の農業、なかんずく米作りを取り巻く、国難とも見える状況に対して、国は明確な将来のビジョンを示し得ないまま、その時々の状況に対して右往左往しているように感じられるのだった。

豊蔵さんは「日本はいつから、わが家の〝命綱〟を他人にあずけるような国家体制になってしまったのか」、「国家の自給＝食糧安保体制を放棄するというのであれば、軍備防衛もまた放棄せよ」といって憤慨しこう続ける（『ライスパワー』より）。


　１９６０年代、解放経済を前提に高度成長期に突入した日本の農業政策の結果、日本の労働人口６２００万人中、農業就業人口は７・９％、４８０万人にすぎなくなった。年間約１０００万トン生産されるコメをのぞく他の自給率は４％となった。

　コメの消費量は一人当たり72キロに激減している。それにもかかわらず、国民の胃袋は加工食品で常時飽食状態を謳歌している。

世界的に食糧問題が主要な役割を占めている今、それは国内問題だけではない。すでにアジア・アフリカの人口の五分の一以上が飢えているという現実、さらには二一世紀にかけて膨張する世界人口を考えれば、食糧問題は全人類共通の深刻な政治問題となっている。

こうした世界の現状認識に立てば、日本の食糧戦略は、政治的にも構造的にも、脆弱というしかない。だからといって、日本のように工業化された国では、人間生存の基礎資源ともいうべき食糧の生産は、狭い国土や生産性から考えると、きわめて生産性の低いエネルギー投資でしかない。

たとえば、穀物自給率を1％引き上げるためには、耕地造成コストにして約一兆円の資金を必要とするといわれているが、これでは、現在の輸入量に相当する穀物をすべて国内で自給するとすれば、天文学的数字になるのであって、そのかぎりでは食糧自給論は空論にひとしいことになる。

こういった現実を反映して、日本での食糧問題の議論は自給自足論と国際分業論に二分され、いずれが白か黒かの二者択一をめぐって平行線をたどりつづける。だが、この理論の対立は、日本の経済構造と国際的立場を考えれば、いずれも空心論でしかない。

わたしは、この二者択一的不毛の議論から脱却し、今後の食糧問題の方向性についての〝第三の道〟を提案し、かつ現実にそれを実行していく具体的方法を推進しようとしているのである。


豊蔵さんのいう〝第三の道〟とはなにか。要約すれば以下のようになるだろう。

いまさら自前で十分な食糧を生産できない日本に何ができるのか。

それでも安保の観点からは、有事の時の備えとして、国民の生存のための最低限のエネルギーを確保する手立てを考えておくことが必要で急務だろう。

そのことを真剣に考えるならば、自ずからそれは五大栄養素を含む〝穀物の王〟たる玄米の復活・活用しかないということになる。さらにいえば、玄米の栄養価をそのまま利用することが重要だし、食べにくさを克服し、玄米を広く摂取可能とするための利用形態の抜本的改革が急務だということになる。

それには、「玄米の粉体化」しかない、と豊蔵さんは力説するわけだ。

豊蔵さんが玄米の粉体化に生涯を賭けようとしたのは、そういう状況下でのことだったのだ。玄米の粉体化の問題は、豊蔵さんのいうように、米粉でおいしいパンが作れるかどうかというだけの問題ではないし、健康食としての玄米は確かに粉のほうが食べ易いし吸収率がいい、というだけの問題ではないのだ。そこにはもっと大きな問題が横たわっているはずだった。

豊蔵さんの問題意識と世の関心のギャップは大きかった。

5

銀座シガリオを立ち上げて間もなく、豊蔵さんはシガリオ通信ともいうべき「粢芽莉穂の里」という小冊子を作って、毎月関係者に送っていた。これは正に彼の大阪文学時代を彷彿させるものだった。

彼はその中で、巻頭文として小文を書いていたのだが、これはどう見ても商売する人間というより、文学の徒の警世の言であった。

今読み返してみると、それは当時の豊蔵さんの思いを吐露するものに間違いなく、その後も変わらぬ彼の心の一端がよく現れたものなので、二つばかりここに転写しておこう。

「奪暮らし」砂上の自由と泥濘の民主主義は
――

包丁のない家庭が増えているといわれる。

くだものの皮がむけない20代、30代の主婦が増え、果実類のまるごと販売が激減しているといわれる。魚は切り身か調理済みの魚しか売れなくなりつつあると魚屋は嘆く。

システムキッチン・電気製品の普及で、主婦は台所から解放されるにつれ、台所に革命が起こり、料理に変化が起きる。

主婦は創るがわから、食べる、味わうがわに、立場嗜好が移り、ファミリーレストランがはんらんする。

うまいもの、おいしいもの、たのしいもの、愉快なものと瞬間の快楽に身ゼニを切る女たち、男たち。

飽食の果てに、成人病患者が激増し、肥満対策商法が栄え、健康食品などという高価な強化食品がはんらんする。

寝ながら痩せたり、一粒摂れば万病に効き、一服すれば精力絶倫となる。まるでお祭りのテキ屋の口上が、有名雑誌の広告文となって誘い込み、ついつい手を出し金を出す。この手の商法がけっこう稼いでいる。

人間、いつの時代も、真剣におろかなことをくり返すようである。

暴力団抗争、殺し、騙し、保険金詐欺、警察官犯罪、汚職、堕落、性風俗の狂乱とあたかも泥沼の底なし沼に咲く蓮のように、案外、平和な花は、人間のおろかさと汚濁を堆肥に咲き続けるのかもしれない。

兎も角、平和の代償が、人間の醜怪さと堕落の花にあるとすれば、セックスとスキャンダルと飽食の記事に埋められているマガジン文化は、消してはならない時代の火である。

世界に輝く民主主義の犯すべからざる自由の極道が、ガキからボケ老人にいたるまで、あまねくゆきわたる至福の恩恵を一体だれがうけているのか。

とまれ民主主義が限りなく愚衆化するかぎり、国は限りなく平和なのかもしれない。英雄も、賢聖な政治家の指導者も必要としない現在は、包丁のいらない家庭のようにきっといい時代にちがいない。

粢芽莉穂参年　卯月

総　戦夢

粢芽莉穂参年とは1985年のことで、総戦夢は豊蔵さんの筆名である。今彼がいれば、「マガジン文化」は「ネット文化」と書くことだろう。

―

時代のスポット（黒点）　ステージの虚栄を映す

ピアスは、悪魔の辞典で「詐欺」とは、宗教の真髄、政治の力学、商法の奥義と笑察している。

豊田商事事件、投資ジャーナル事件、一連の経済犯罪事件は、ピアスの笑察を逆説的にみせている。

首魁の一人は、数十人の報道陣とTVカメラの映像の中で、二人の英雄気取りの刺客に殺されるという異常な劇場犯罪のなかで短い生涯を閉じた。

今一人は、この劇場犯罪のあった翌日、一年近い逃亡生活からあわてて自首するという過剰な適応反応をみせた。

彼等の共通項は、32才・31才という同世代項と、現在は、マネーゲームの時代と捕える世界観であった。

しかし、決定的に共通しているのは、貧困なアイディアと商法の幼稚性とおどろくほどの論理的破綻である。そういう意味では、二人ともピアスの悪魔の辞典など知らなかったにちがいない。

したがって「詐欺」もしくは「詐欺師」の真髄を知ることも、極めることもなく、ついに詐欺師になれなかった男たちであった。

哀れなまでに「詐欺レベル」の低い単なる犯罪者であった。

さて、そうして考えると、この世は、なにやらおどろおどろした詐欺師たちが、百鬼横行しているではないか。

政治家の巧言令色のうらに詐欺師の影が見えないか、巨大な宗教団体の教祖や、異常に成功している経済人の顔にもなにやら不気味な表情が見えはしないか。

たしか、ボードレールは、人間として尊敬しうるは、詩人、司祭、戦士であり、その他は職業の奴隷か詐欺師にすぎないと。

現在人は、どうやら歴史の舞台から詩人や司祭、戦士を退場させて仕舞、職業の奴隷と詐欺師たちがつくる「詐欺と虚構」の舞台に登場する一億総オペラの出演者兼観客となっているのではないか。

つまり国家が劇場化してくれれば、その舞台でどんなに深刻な悲劇が演じられても、それは常に喜劇でしかない。かのヤヌスの仮面に苦しむ道化の世界のように。

そういえばこのところ、聖職者と詐欺師の仮面を被った事件がなんと多いことか。

桼芽莉穂参年　文月

総　戦夢

豊蔵さんは、なにになろうとしていたのだろうか。
詩人、司祭、戦士？　あるいは全部？
彼のことだ、真の詐欺師だといい放つかもしれない。

4　東京進出

1

コメが国の統制品である限りは、どうしても様々な役所との問題は避けられず、またどうしてもコメの粉体化の意義に耳を傾けてもらう必要があったから、豊蔵さんは岐阜から頻繁に東京にも出て来ていた。

価格の問題一つとっても、コメの価格は麦に比べて遥かに高かったから、麦と同じ土俵で競争するためにはどうしても国との係わりにおいて風穴を開ける必要性があった。豊蔵さんはそれを痛感していたので、活動の場を東京に移すことを考え始めていた。それにまたどうしても、新しい製造工場も作る必要があった。

そうはいうものの軍資金はまるでなかったから、製品を売る努力と共に、東京を基盤とするよい提携先を探すことになった。

1980年代後半の日本はバブル景気に沸いていたから、多くの企業が余ったお金の使い道として、不動産投資に走ったり、また新規の異種の事業に関心を持って、未知の分野への参加を図ろうとしていた。

そのような状況下で豊蔵さんのもとには、食品会社などからの話はいくつかあったようだ。しかしそういうところと組むとどうしても呑み込まれそうだし、新しい価値観を根づかせるのはむしろ難しそうだった。それで豊蔵さんは既存の食品関係ではなく、自分の理念に共感してお金を出してくれるところを探していた。

そして最終的には、ひときわ好調であった建築分野の大成建設と組むことになった。事の発端の詳細はよく知らないが、大成建設にいた田中君というのが豊蔵さんの話を聞きつけて、豊蔵さんを当時会長の佐古さんに引き合わせる端緒を作ったようだ。その結果、佐古さんが豊蔵さんの考えに共鳴して協力することが決まったという。

1986年、大成建設との共同事業として「銀座シガリオ」は、新会社「シガリオ・ジャパン」として新たに船出することになった。

共同事業とはいっても、豊蔵さんに資金があるわけではなかったので、リブレフラワーに関する特許を担保として差し出しての大成建設丸抱えであった。

大成建設の佐古さんは、この事業は豊蔵さんという人物あっての事業だから、豊蔵さんのリーダーシップを尊重し、期待をしてバックアップ体制を組んでくれた。

会社には、当初から東京進出を支えてくれていた仲間に加えて、大成建設から何人かが出向し、新たに募集した人達も加わり、場所も浅草橋の駅に近いビルに移り、会社の体裁もかなり整ってきた。

田中君は新会社「シガリオ・ジャパン」への出向というかたちで社員となって、以後豊蔵さんを支えていくことになった。私も社外取締役という形で、自分の建築設計事務所をやりながらできる範囲で豊蔵さんの相談にのることになった。

当時の『日経産業新聞』（86年9月22日）に「玄米で食品新素材――微粉末化成功、パン・煮物や飲料に　大成建設、VBと事業化」の見出しの記事でこうある。

大成建設は玄米を微粒粉末にする技術を開発したベンチャー企業に資本参加し、食品分野に進出した。粉末を素材として栄養価の高いパンやカステラ、めんを生産、学校や高齢者向けの給食に売り込む。また同社のエンジニアリング技術を生かして製粉工程の低コスト化を目指す。

資本参加したのはシガリオ・ジャパン（本社東京、社長豊蔵康博氏、資本金三千万円）で、出資比率は30％。米の粉は加工するとノリ状になってしまう欠点があったが、新製品（製品名「リブレフラワー」）は、高熱で焙煎するなどの特殊な技術で克服した。

この結果、ビタミンB群、ビタミンE、ミネラル、アミノ酸など玄米が持っている40種類以上の栄養成分を生かしながら、パン、めん類、クッキー、ケーキはもとより、揚げ物、炒め物、煮物、蒸し物、さらに水や牛乳などに溶かし健康飲料としても利用することが可能になった。すでに長崎県下の一部教育委員会がリブレフラワーを使ったパンを学校給食に導入している。

現在、年産三七〇トンの生産体制を同一〇〇〇トン以上にも応じられるように、エンジニアリング本部で年内をメドに、新生産システムの開発を進めている。大成建設新規事業開発部のスタッフを投入、全国の教育委員会、栄養士会などを重点的に開拓していく。

当時の熱気が思い出される。

――

それからは新体制の下で豊蔵さんは、政治家、役所、農協、飲食及び食品会社、消費者団体、地方の有力者、学者、料理研究家等々に寸暇を惜しんで自分の理念を説いて回った。前述したように、当時はコメの消費は落ち込み、さらに海外からのコメ自由化への圧力が強まる中で、農業政策は減反以外これといって有効な政策が打ち出せないジリ貧状況にあった。しかし当時の世相は、日本の経済発展の為にはそれもやむを得ないのではないか、という意見が優勢であった。

しかし豊蔵さんは国民の胃袋を他国に依存することには強い危機感を抱いていて、そのためにはコメの生産技術よりも消費の新しいかたちの創出により消費を増やし、コメの需要を高める事が重要であり急務であると会う人ごとに訴えて、コメの粉体化こそがその解決策の要だと力説した。

彼によれば、今までコメに関しては生産技術ばかりが重んじられて、その消費形態が全くといっていいほど重んじられてこなかったのだ。

戦後から我々の食生活は小麦食が多くなって米食が減少の一途を辿ってきた。役所や農協などはこのままではいけない、何とかコメの消費を増やそうと、様々な工夫のコメの食べ方を勧めたり、料理コンテストなど開いたりしたが、成果は芳しいものでなく、一向にコメの消費が増えないのが実情だった。

考えてみれば、コメを粒で食べる限りは、おいしいコメを作って、少量のおかず、例えば漬物とか干物で食べるのが最もコメの消費量が増える食べ方であって、いろいろな材料を混ぜて作る料理は結果として、コメの量が減る食べ方だったりするのだった。

だから豊蔵さんにいわせれば、二次加工できるコメの粉体による新しい消費形態を確立することこそ急務なのだ、ということになる。


豊蔵さんはなにも粒で食べるのを止めようといっているのではない。日本のコメは確かにおいしい。新米のおいしさなどは、さすが日本に生まれけりだ。

だからもっとおいしいコメを作る努力をし、おいしく粒で食べる方法を考えることも必要だろう。しかし現在コメを取り巻く厳しい状況はそんなことだけで解決されるとはとても思われない。コメの利用に関し、根本的発想の転換が必要なのだ。それが「コメの粉体化」だ。

コメの戦略的利用方法は「粒」と「粉」の二本立てで進めるべきなのだ。このコメ粉体化技術をもって、世界的にはマイナーな市場のコメをメジャーな小麦粉の利用形態の中に侵食させていくべきなのだ。コメが農業問題、食糧安保問題、国土保全問題、健康問題等の要だというのなら、国をあげてでも小麦粉と競争可能なようにコメの粉体化を後押しすべきなのだ、と説き回った。


――


徐々に農業関係者の中に賛同者も増えてきて、とりわけ当時の農水省の若手官僚の有志が応援してくれるようになった。

もうこの頃の農水省には、昔の米粉政策失敗のトラウマ世代に代わって、偏見にとらわれない若手官僚が多くなってきていたから、豊蔵さんの言は今までになかった角度からの提言として、興味を抱かせるものだったのだろう。

それに豊蔵さんは、純粋に理念・理想を熱く語るが、邪心を持たず、金も持たずだったから、役人も安心して付き合えたのだろう。

以後何人かの優秀な若手キャリアがいろいろと力を貸してくれた。農水省が消費拡大予算によって、玄米粉体実用化試験無償米という名目で玄米を援助供給してくれたので、それを使ってリブレフラワーを各分野の多くの食品メーカーに配布して、いろいろ試作してもらったりした。

しかし役所が特定の企業の特定の製品に肩入れするのには、自ずから限度があった。数社が集まって米粉体化協会のようなものができれば、事情も変わってくるのだが、と豊蔵さんはいわれたことがあったが、未だコメの粉体化に熱心に取り組む企業は見当たらなかったから、彼の悩みはつきなかった。

それでも時間がたつにつれ徐々に、リブレフラワーの名が人々の口にのぼるようになってきた。

そんな中で地方の農協や食品団体や様々な食べ物・健康に関心があるグループなどが、リブレフラワーに興味を示す情報も入るようになってきたから、豊蔵さんと私と田中君三人で、いわば豊蔵イズムの布教行脚のために様々な地方に出かけた。

このトリオでの弥次喜多道中は結構楽しかった。田中君がいつも先発隊で行って地ならしをし、後で豊蔵さんと私が行くことが多かったが、行くともう田中君はその土地の人のような顔をして、同調者を増やし、食いしん坊だからおいしい店を探しあててあったりした。そんな時には、三人で土地のものを肴に酒を飲みながら、コメの粉体化の未来を始めいろいろな話題に花を咲かせて夜を過ごした。

そうした土地での講演と懇談などで地方にも賛同者が増えてきた。概して女性のほうが農業問題、環境問題、健康問題に敏感で積極的であった。農協婦人部や消費者団体の女性パワーは彼に賛同していろいろ支援してくれた。リブレフラワーを使って、パンやうどんやケーキ類などを作るメーカーも出てきた。

当時豊蔵さんと、世の中の変革は地方から、なかんずくウーマンパワーから始まるに違いないと話したものだ。

しかしやはり小麦に比べてコストが高いのが問題だった。農水関係者は価格を加工米の価格で考えてくれたりしたが、それでも比べものにならなかった。その意義への共鳴が、直ちに消費に結びつくわけではなかったのだ。

粉にするのに品質はあまり問わないので、価格の低いタイなどでリブレフラワーを生産して逆輸入したらというアイデアもあったが（コメの加工品は禁輸ではなかった）、豊蔵さんはこの技術は日本の農業を守り、食糧安保で日本を守るためのものでもあるという信念があったので、それを是としなかった。

2

豊蔵さんは小麦との競争において、最もネックであった価格の問題について、コメには食糧としてだけではなく、計り知れない価値があるのだ、といって説き歩いた。

豊蔵さんの言によれば、コメは太古より日本の国土、政治、経済、文化を支えてきた礎であり、日本の風土を造り、人々の命と心を支えてきたものなのだから、経済上の価値だけで判断すべきものではない。その他の価値を加味すれば決して高いとはいえない。

その付加価値はいろいろあるのだが、例をあげれば、コメは雨水の力と相まって連作のきく穀物で、これがどれだけ土地の荒廃を防いでいるか計り知れない。稲作の循環型農業がこの美しい日本の風土を造り、日本の共同体生活文化・習慣を支えてきたのだ。世界の小麦耕作地帯で、農薬を大量に使いながらかろうじて連作を続ける土地が、将来どのような荒廃に見舞われるか知れたものではないのだ。

そういう諸々の意味で日本の稲作は何としても守らなければならず、減反政策は愚策もいいところで、新しい米の消費形態を創出するのが本道だ、ということになる。小麦に拮抗する消費形態を国を挙げて模索すべきだ、ということになる。

その要は玄米の粉体化だということだ。粉として加工するコメは、粒による美味を追求する必要がないから、多収穫品種を開発すべきだ。コメが今なお日本の礎だと考えるなら、国は自らコメの生産価格の低減化と、コメの粉体化による消費拡大に真剣に取り組むべきなのだ、ということになる。

そういう面では彼はナショナリストであった。

しかも夢は世界にも広がっていて、彼曰く、世界の多くは粉食文化圏だが、世界の貧しい国の中にも日本の米作技術をもってすれば、米作の可能な場所はまだまだあるはずだ。

そこでこの米粉化技術を提供して工場を建て、粉にして食すれば抵抗なく浸透するはずで、少しは飢餓を減らせるはずだ。その自給システムならその国の国土荒廃、自然破壊の改善に少しは役立つのではないか。

ところが現状の貧しい国の農業は、先進国の求める農作物を作って、お金を得る代わりに自分達の食料は外国から買わざるをえず、外国の経済的支配力の下、単種生産により国土は荒廃し、かえって国の自立の道を困難にしているのが現状だと憤慨していた。

そういう面では彼はコスモポリタンであった。

豊蔵さんは、後年（1993年）のある講演の中でコメの持つ付加価値の面についてこうまとめている。

その一は食糧安保論、食糧自給論である。少なくとも二千年の間コメは日本人の主食だった。実態的にその日本人がコメを満足に食べたという歴史はないが、コメは有史以来日本で一番重要な穀物として考えられてきた。

第二は歴史的価値、言い換えれば文化論である。日本は瑞穂の国、にぎにぎしい稲穂の実る国と私たちは教育されてきた。コメは日本固有の歴史文化の重要な構成要素だった。

第三は自然環境保全論と直結した治水あるいは土地の保全に結びついた稲作の水田の効用、機能である。

第四は現実的な日本の農業問題である。日本の農家は現在約三百五十万世帯あり、その生産額の合計は十二兆円に達する。コメを自由化して日本のコメ農家を放棄するとすれば、この三百五十万世帯の農家を経済的、社会的にどう解決するか。解決策を試算すると天文的数字にのぼる。

こうした四つの基本的問題を考えると、単純に日本のコメは高いか安いかといった問題では考えられない。経済的効用論だけで判断すべきではない。

―

豊蔵さんがコメに魅せられて思索をかさねる中で、第二の問題、コメに由来する文化論が大きく心を占めるようになっていった。コメを食糧資源としてだけ見ることはできず、コメは彼にとっては精神性をおびた物神となっていったといえるだろう。

まず稲作の歴史に大いに関心を寄せるようになっていった。「記紀」に透けて見える稲作による日本の成り立ち、天皇制の本質に思いを馳せ、日本精神構造の礎はコメであると力説した。

彼によれば、日本の統一には稲作が大きく関係している。大和朝廷はムチとアメ、武力と稲作を両手に持って、全国統一を成し遂げた。そして統一後の国を司る天皇は、コメを国の最も重要な礎と位置づけ、自らを稲作に関する神事の祭司として、それに基づく国造りを神話として「記紀」に定着させて、日本国統一の正当性としてきた。

だから彼によれば、コメは日本人にとって食物であると同時に、日本人の心の真髄、バックボーンなのだということになる。よく日本人は無宗教的だといわれるが、それはそれに代わって、我々が日本の自然とその宝というべきコメを心の拠りどころとしているからであって、それは無宗教というより「粲教《クロコメ》」というのが相応しいのだ、ということになる。

彼はコメにまつわる考えから、日本の歴史を見つめ直そうと考えて、それを「唯米史観」と呼んでいた。こういう命名は彼の得意とするところだ。

しかし今や、戦後の日本はアメリカの戦略によって食生活はパン食が主体となって輸入に頼り、日本の心も天皇制もその基盤が益々危うくなってきたと嘆いていた。

彼は右翼思想の持ち主というわけではなかったが、私はそんな彼の思いが巷によくある右翼的懐古主義と同一視されることを危惧していた。

私はといえば、コメが日本の歴史の主役で日本人の心の礎だ、といい切るほどコメに入れ込んでいたわけではなかった。コメが日本の歴史の中で重要な役を演じてきたことは間違いないが、それを全ての事象の主役として過大に評価するのには躊躇があった。コメの意義の重要性が減ずることは、日本人の心の礎を危うくすることだ、といい切る気にはなれなかった。

だから豊蔵さんとの語らいの中で、そういう変化も考えようによっては我々の米粉体化運動のバネになる話だと考えることもできるではないか。豊蔵さんには伝統にしがみつく憂国の士のというより、玄米の粉食化によって新たな礎を築こうという改革の士の顔が似合うのだから、妙に懐古主義的になるべきではない、といって励ましたりした。

豊蔵さんはまたよくコメの完全食の例として、戦国時代の武士は玄米とメザシで過酷な戦を戦いぬいていたのだ、といっていた（玄米に不足するのはカルシウムぐらいのものなのだ）。私は彼に、今の企業戦士にリブレフラワーと牛乳を持たせるのが貴方の役割だ、といって励ましたりした。

そういえば中曽根内閣の時、国の無駄をなくす行政改革の長を担って、「行革の鬼」といわれた土光敏夫氏の質素な生活がテレビ紹介されたことがあった。その時、玄米とメザシと菜っ葉の味噌汁の食事が人々の話題となった。それは飽食の時代の我々に、鋭く反省の心をうながすものだった。

あの時土光さんが、朝食をリブレフラワーと牛乳でやってくれていたら、事態は少しは違っていたかもしれないな、といって二人で笑ったこともあった。

ちなみに私の朝食は、リブレフラワーを牛乳でオートミールとスープの中間状にしたものである。

豊蔵さんはまたどのように稲が日本に伝来したのかにも関心を寄せるようになった。

それは日本人の祖先はどこから来て、どのようにして日本人になったのか、という問題とも密接に関係していると考えられたからだ。

そして、稲の研究者である佐藤洋一郎さんとも親交を結んで、彼の話に耳を傾けていた。彼と一緒に私も、佐藤さんの三島の国立遺伝学研究所に行ったこともある。そこで佐藤さんは各国から取り寄せた様々な品種の稲を栽培していて、そのＤＮＡを研究して稲の伝来ルートを解明しようとしていた。当時ＤＮＡによる系統の解明が様々な分野において始まっていた。

5 新工場

1

豊蔵さんは寸暇を惜しんで全国を飛び回っていたが、私は勿論常に同行していたわけではない。自分の設計事務所の仕事の合間をぬって協力していたのだが、それでも北海道や長野、関西、東北地方には何度か一緒に出掛けた。

農水省の若手キャリアにHさんという人物がいて、彼が一番最初に豊蔵さんの話に興味を示してくれて、省内の仲間などにもその話をしてくれていた。彼が北海道に着任したこともあり、その関係で道内の役所や農協などを紹介してくれたので、我々は北海道によく出向いたのだった。

豊蔵さんは様々なかたちで、講演を行い、徐々に道内においてその賛同者も多くなっていった。道内の応援者による後援組織もでき、その後札幌で行われた「世界・食の祭典」

（１９８８）にも参加して普及に努めた。

『ライスパワー』によればこうある。

十月十六日、北海道では、需要が低迷している道産米を粉にして利用し、米の消費拡大につなげようと、道内の若手経済人らが、「北海道――米の粉食化を促進する会」（会長・原勲道未来創研所長）を結成、米の価格をめぐってパネルディスカッションを行い、〝粉食〟の普及を誓い合った。

その模様を『北海タイムズ』（87．10．17）は次のように伝えている。

――主食である米の消費が落ち込んでいるため新しい食べ方で消費拡大、道内食品加工製造業の活性化、食生活の向上を目指して、食品など若手経済人が米の粉食化を提唱。会の設立準備会を設置して、この日の旗揚げとなった。総会は製菓、乳業、金融、農協など各界の代表六十人余が出席。設立準備委代表の原氏が「道産米の需要拡大は本道の最も重要な課題。粉食は農業発展の先導的役割を果たせる」とあいさつした後、講演会の開催、学校給食への粉食導入、機関紙発行など本年度事業計画を決めた。

――また、来年度は札幌と函館で開かれる「世界・食の祭典」に参加するほか、米国への稲作・食糧視察団派遣、アグリカルチャーシティー（新農業文化都市）構想の作成などを実施することを決めた。続いて「日本人にとってお米の価格とは」をテーマにした記念フォーラム。黒柳俊雄北大教授、石黒直文拓銀常務らが意見を披露した。

また、札幌に丹羽さんという人物がいた。彼は道内で様々な分野の企画立案、組織運営などに活動していて、特に学校教育と酪農支援での牛乳奨励に力を注いでいたので、リブレフラワーにも興味を寄せて、いろいろ我々を支援してくれていた。当時札幌で名の知れたパン屋の「北欧」が興味を示して、リブレフラワーを使ったパンを出したこともあった。

――

この1887～88年当時は、シガリオのリブレフラワー普及の活動が、北海道だけではなく様々な地方においても注目を浴び、新聞、テレビなどにも度々取り上げられるようになっていた。

消費者団体の代表や衆参両院の婦人議員が超党派で参加する「こなのお米を食べる主婦の会」が結成されたのもこの頃である。

また、NHKがリブレフラワーの製造の様子や、岐阜県における学校給食の実例などを紹介したのもこの頃である。

『ライスパワー』によれば、1988年の年頭にあたって、『読売新聞』が「米の消費拡大へはずみ？　学校給食を足がかりに普及へ」と題して、以下のように書いているという。

輸入自由化、余剰米、食管赤字と、話題はつきない米。主食の地位に揺るぎがないとはいえ、昨年度一人当たりの年間消費量は昭和三十七年の約六割の七十三・四キロと、年々減少傾向が続く。こうした中で、健康食として知られる玄米を、栄養素をそのままに粉にした新しい食品が注目されている。

米から作ったこれまでの粉が応用範囲が狭かったのに対し、独特な製法で小麦粉と同様、幅広く料理に応用できる。すでに学校給食に取り入れている所もあり、近くパン焼き器用の粉（ミックス）にも使われる予定。

この玄米粉は、一昨年、米の最大産地・北海道でまっ先に反響を呼んだ。大幅な減反を迫られ、道産米が等級を低くランク付けされているだけに、新しい需要開拓として大きな期待がかけられている。

士別市などで学校給食のパンに使われているほか、菓子などとして売り出された。昨年十月には法人、個人会員で組織する「北海道米の粉食化を促進する会」（原勲道会長）も発足し、普及活動に乗り出している。

米の消費拡大は全国的課題だ。農水省の「地域米消費拡大対策」では生産県、消費地それぞれの特徴に応じた努力を求めており、学校給食への玄米粉使用は長崎県などにも広がっている。消費減が続く東京都でも、ご飯としての伸びは難しいと、玄米粉の利用増を検討中だ。

また、昨年秋には東京都で、主婦が中心となって玄米粉を使ったフランス料理の試食会が開かれるなど、健康食、料理のしやすさなどの点からも関心が高まっている。近く、家電メーカーと共同開発し自動パン焼き器用の玄米ミックス粉も売り出される予定だ。

また、『中日新聞』（88年1月7日）では「粉末の玄米をたべませんか」という、リブレフラワーに関する記事を載せている。

このユニークな商品開発に対し、農水省は、六十、六十一年度に援助。同省の出先機関である東海農政局も昨年、名古屋市中区三の丸の同局内にできた消費者の部屋や同千種区の吹上ホールで開かれた消費者ひろばなどの場を利用して、宣伝に務めた。米の消費量がじりじりと減る中で、米の消費拡大推進を方針に掲げているためで、同省関係者は「リブレフラワーが広がれば、農家に安心して米を作ってもらう手段になる」と話す。

そうした成果か、愛知県学校給食物資流通協同組合をはじめ、岡崎市地婦連、豊田市地婦連で、リブレフラワーやそれを使ったクッキーなどのあっせんをするようになった。

なごや消費者団体連絡会も、直営店のグリーンポット＝名古屋市千種区法王町二ノ五、松坂屋ストアー二階＝でそれを販売中で、会員だけでなく、一般の主婦の間でも、利用者は増えつつあるという。

同連絡会の佐々木千代子代表は「玄米の栄養素がそのまま生かされた健康食品であること、親しみのある米が原料であることの安心感もあるが、何よりうれしいのは、風味がいい点だ。玄米というと、食べにくかったものだが、これは食べやすい。ぎょうざの皮などは、とろりとした歯ざわりで、野菜をちょっぴり加えるだけで、むっちりしておいしい」と評価している。

―

この1987〜88年当時を振り返ると、政治・社会の関心がリブレフラワーに集まりだして、いよいよ風向きが我々に向いてきたかに思われた。

とはいうものの、関心がにわかに社会的ブームとなり、リブレフラワーの生産が追いつかないというような事態は到来しなかった。会社の経営は、大きく好転するというより、更なる展望を期待してガンバルというところだったはずだ。

公共の力もいろいろ後押ししてくれ、様々な企業も製品化に協力してくれたのだが、未だ多くの人々にとってはやはり米粉製品は一種の変わり種、嗜好品としてしか受け取られないという面が多かった。

それにやはり、熾烈な販売競争の渦中にあっては、他に比べてのコスト高は如何ともしがたい障害だったのだ。

しかし豊蔵さんとその賛同者は、この機を逃さずに、何とかこの流れを止めることなく、大きな流れとするにはどうしたらよいかと、知恵を寄せ合い、意気込みを新たにしたのだった。

2

そんな中、なんとかこの事業を進める為に、どこかの地方の一都市と一体化したモデルスタディが出来ないものだろうか、という話が農水関係者を含めて話題に持ち上がった。

豊蔵さんは北海道庁始め各地方官庁、農協北連、消費者団体、教育委員会などの招きで各地に出かけて講演会を行い、リブレフラワーの浸透を図っていた結果、道内には積極的に賛同、協力してくれる市がいくつかあったのだ。

豊蔵さんを始め我々皆、北海道において生産と消費を一体化した「シガリオの里」構想に夢を託した。

積極的にリブレフラワーに関心を寄せてくれていたところに士別市があった。ここでは学校給食のパンにリブレフラワーを使ったパンの導入をしたりして、市長を始めとして市民の関心が高かったので、この地に「シガリオの里」が作れないだろうかという話になった。

士別市は北海道中央部、旭川市の北へ約50㎞の天塩川と剣淵川の合流地点に位置し、屯田兵による開拓地として知られていた。道東の根室近くに同音の標津町があるので、区別するために「サムライ士別」と呼ばれることがある。

当時コメ栽培の北限が北緯45度といわれていて、士別市が丁度45度だった。

稲作文化は日本の南から北上して北緯45度のこの士別市にいたったが、今度は米粉化文化をこの地に発して南下させるのも悪くないではないか、などといって気勢を上げたりした。

その後、豊蔵さんと田中君と私の三人でよく士別に出かけ、様々な市政の関係者やリブレフラワーに関心を持ってくれていた人々と会って議論した。

士別は日本離れしたイングランドに似た風土の風光明媚な土地だった。市のはずれの、サフォーク種の牧羊が草を食む丘陵地帯の景色は、イングランドの風景などを彷彿させるものだった。そのサフォーク種の羊毛を使った手工芸品も盛んであった。

また農作物の集散地として発展してきたので、駅近くには古いレンガ造りの農業倉庫群が残っていた。

士別に行く楽しみの一つは、名物のジンギスカン料理だった。これは独特の味付けで美味であった。

真冬に訪れたこともあった。スノーダスト煌めく広大な山野は実に壮観で、スノーモービルで野原や丘陵を走り回ったりもした。身を切るスノーダストの寒さはむしろ心地よい体験だった。


―

市が指定した「シガリオの里」の候補地は市東部の丘陵地帯にあった。市長を含めた市のメンバーと議論するなかで、我々は玄米の粉体化工場を含む「シガリオの里」だけでなく、士別市全体の「まちづくり基本構想」を作る必要があると提案して、市の基本構想を考えることになった。

基本構想の作成は私の事務所が主体で行うことになった。大阪から谷田君も参加して、企画書の作成に携わってくれた。

当時バブル景気の下、中央と地方の格差は広がり、東京一極集中が強まる中で、地方は経済的衰退と人口減少に見舞われ、容易に将来の未来像が見通せない状態にあった。

現状のままではジリ貧状態は避けがたかったから、様々な地方都市が、中央に対する補完の役割状態を脱して、自立型のまちづくりを模索していた。

しかしその実現はそう簡単なことではなかったのだ。

我々は、自立型まちづくりには、小さいながらも経済、生活、文化等における自立型循環システム（ミニマムサーキュレーション）を構築することが重要だと考えていた。そのため我々は、今までの見方を転換する必要があるとして、思考のキーワードとして「異種同一」、手法のキーワードとして「異種総合」を提案した。

「異種同一」とは、今まで対立概念と考えがちだった、労働—遊び、仕事場—住まい、自然―技術、中央―地方、新―旧、集―個等を、目指すべき同一のもの、「生きる喜び・豊かな生活」の見方の違う側面として考えていこうということである。

そしてその考えに基づくまちづくり手法の「異種総合」とは、その運動を企画し推進しコントロールする主体として公―企（業）―民の総合体でなければならず、その価値評価においても公―企（業）―民でなければならず、運営においてもハード―ソフトの総合的なものでなければならないと考えていた。

そして多くの事例においてあったように、立派なまちづくり構想はできたものの、それが「絵に描いた餅」止まりで終わってしまうのを避けるため、公―企（業）―民、専門家―素人、外部―地元等の、「異種総合」による「士別未来デザイン室」を創設することが重要だと提言した。

我々は「現実の士別像」を踏まえて「あるべき士別像」をまちづくり基本構想として提示するが、それが「実現する士別像」となってゆくためには、実践的マスタープランや、ブランド化のための士別ＣＩ（コーポレート・アイデンティティ）戦略が必要であり、そのタイムスケジュールの作成も重要だと考えていた。

5　新工場

それらを踏まえて、プロジェクトを立ち上げ、コントロールする組織がないことには

「実現する士別像」はとても無理だろうと考え、「士別未来デザイン室」の創設を提言したのだった。

そういう基本的考え方に基づいて我々は、「新田園交響曲都市」と銘打って士別のまちづくりの基本構想を提出した。

それは「サフォークランド」と「シガリオの里」を主役とし、市の中心部にあるレンガ造り倉庫群を市の産業PRの拠点として活用する、というのがその骨子であった。

そもそもこの構想の発端となった「シガリオの里」は、士別の未来像にとっても我々にとっても、最重要課題であったから、その当該地における「シガリオの里」の基本構想案も合わせて検討し提示することとなった。

計画では、リブレフラワーとその応用食品の生産、研究開発を始め、広く他からの来訪者も期待しての宿泊や交流等の施設も盛り込まれた。

その構想の実現にはかなりの困難が伴うことが予想されるものであったが、この実現のための第一歩として先ず、「シガリオの里」に士別市で産する玄米を使ってのリブレフラワーの生産工場を建設し、「異種総合」の力でそれを素材としてパンやうどんや菓子などをこの地で作り、それをこの北の地で消費するという、今でいう地産地消の運動を提案し、それが停滞したこの地の稲作農業を自ら再生させる道だと力説した。

――

士別市の地元紙『北都新聞』（88年1月23日）は、当時の事情をこう報じている。

玄米粉体化工場を建設したい、というシガリオ・ジャパンの情報をキャッチした市では、いち早く豊蔵社長の来士を要請し、コメの粉食化に食品加工業者とともに対応、折にふれて接触を深めていた。

この日のシガリオの里構想説明会には、市開発促進委員会委員、市議会議員、市内農協組合長ら関係者約百人が出席し、豊蔵社長の〝国際マーケティングを目指すコメの粉体化〟構想に耳を傾けた。

豊蔵社長は「今年一九八八年で（八十八）の年。コメの時代を創造する年」と位置づけ、コメの国際自由化、コメの余剰問題の二重苦を解決できるのはコメの粉体化・粉食化にあることを強調した。

また「一年半、士別市で重ねてきたことが一番取り組みやすいと思った。北限45度の稲作都市・士別にコメ粉体化をベースにした文化論を築きあげたい」とシガリオの里構想の一端を披れきした。……

また『読売新聞』北海道版（88年2月1日）も、士別市に生産工場をという声に対する北海道庁の対応を、次のように報じた。

道産米の消費拡大をめざす北海道庁は、玄米の粉食化技術を確立し、注目を集めているシガリオ・ジャパン社（本社・東京、豊蔵康博社長）の製造工場誘致に向け、積極的に支援していく方針を固めた。同社が現在、岐阜県内の試験工場で製造している玄米全粒粉は用途が多様で、消費拡大の切り札とも目されている将来性に富んだ新商品で、道は今後、同社誘致に名乗りを上げている各自治体の動静を見極めたうえ、工場誘致条例の適応を含め、バックアップしていく考えだ。

豊蔵社長は、本格的工場建設に向け、86年から、道内各地をまわって、玄米全粒粉の可能性を説き続けるとともに、立地箇所の選定に入っている。

同社が道内に建設を予定する工場は、年産２０００トン規模で、このかなりの部分を地元で消費するように希望しており、今年五月にも着工したい意向。「シガリオの里」を推進中の士別市をはじめ、深川、旭川市などが誘致の名乗りを上げており、豊蔵社長は、「地元の熱意を最優先したい」といっている。

道は、シガリオ・ジャパン社の本道への進出意欲について「企業の活動に軽々に肩入れはできない」としながらも、リブレフラワーの商品価値を大いに評価。

将来的には道産米の消費拡大に、多大の貢献をしうる可能性を持つ存在として、本道立地を積極的にバックアップしていく方針。すでに、農務部内に担当セクションを決め、計画書の提出を求めるなどしている。

同部の本田浩次次長は「シガリオ・ジャパンが立地先を決め、その自治体と連携して道に協力を求める形になるのか、直接、道との調整になるのか、今のところ流動的だが、いずれにせよ魅力ある企業。消費拡大の格好の刺激剤としても期待できる。環境が整えば、プロジェクトチームを作るなどして対応していきたい」と話している。

現在、道は米需要均衡化緊急対策に伴う消費拡大策を食糧庁等と詰めており、その量は約１万３０００トン。もし、これが達成できないと、新たに４９７０ヘクタールの転作面積が加算される。

玄米全粒粉工場は、この窮地打開の決めてとならないとしても、将来的にみれば、道産米生き残りの〝命綱〟として期待できそうだ。

――

今改めて読み返してみると、当時の日本において、コメの問題がいかに大きな問題で、それに関わる人々がその解決に向けて多大のエネルギーを傾注していたことが思い返される。

それに反し、現在の日本においては、もはやコメにまつわる問題はないかのごとく思われていて、人々の話題にのぼることも少なくなってしまった。本当にそれでいいのだろうかという思いを深くせざるをえない。まるでこの問題はもう霧散してなくなったかのごとくである。日本人の得意技の「忘却」のなせる業だろうか。

それは見たくないから目を逸らしているだけだろう。遠からぬ将来、またこの問題のマグマが噴出して、豊蔵さんが憂いていた、「奪暮らし　砂上の自由と泥濘の民主主義は」、震撼させられるに違いない。

多くの努力にかかわらず、北海道における「シガリオの里」の夢は挫折した。勿論我々の力及ばずということだが、北海道の産業基盤がどうしても補助金に頼らざるをえないところがあって、この計画における公的援助も限られていた。

地元農協は熱心であったが、ホクレンの支援は必ずしも充分とはいい難かった。工場が成り立つほどの需要は北海道全体をとっても未だ見込めず、リブレフラワーを主役とした、地産地消のミニマムサーキュレーションの確立は無理そうだった。

さりとてシガリオにしても、全国規模での工場の立地として考えるには、利便性一つとってもとても無理であったのだ。

3

それでも、どうしても新しい工場を建設する必要に迫られていたので、他の場所を探すことになった。

実は、農水省の線だろうか、または大成建設の佐古さんの紹介だろうか、豊蔵さんは羽田孜議員の知己を得ていた（羽田さんは1994年に総理大臣になった）。羽田さんは豊蔵さんに何度か会ううちに、豊蔵さんの語るビジョンに興味を示し、いろいろ陰ながら応援してくれていた。

その関係で、羽田さんの地元である長野県でも、豊蔵さんは講演を行い、普及に努力していたが、やがて新工場の候補地として長野県内が有力視されるようになっていった。

結局、松本市近くで、当時の農水省次官とも関係があったと思われる安曇野の三郷村（現在は安曇野市として合併）が候補地に上がった。

三郷村の村長を始め、役所、農協、住民等々、豊蔵さんの玄米粉体化の夢に賛同し協力してくれることになって、農協の土地を安く譲ってもらって工場を建てることになった。

自己資金はなかったが、大成建設の後ろ盾によってどうにか実現する運びとなった。

三郷村の村長の務台さんは土地の旧家の出で、実に温厚な人で、村民の人望を集めていた。今は県議の宮沢さんなどは実現に向けて尽力してくれ、役所も農協も、新工場の建設とその後の運営を積極的に応援してくれることになった。

三郷村は松本から北に延びる梓川の西岸、日本アルプスの始まる裾野に位置していて、松本から車で半時間ほどの距離にあった。近くには安曇野のワサビ田を始め多くの観光スポットが点在していたが、三郷村は果樹園の多い静かな郊外の農村であった。

敷地は元養鶏場跡地で、リンゴ畑に囲まれ、隣接して流れる黒沢川の西に室山の山麓が広がり、遠くに常念岳の雄姿を望む、すばらしい田園地帯の場所だった。

建物の設計は私が、施工は大成建設が行うことになった。


—


私は建物の設計のみならず、今までの豊蔵さんの想いを込めた夢の実現のために、彼と一緒に多岐にわたって検討し議論した。

最初に生産方法のことをいろいろ検討した。生産量アップのためには、まず焙煎釜をどうするか議論した。

大量生産のために焙煎方法やその熱源もいろいろ考えられるはずであったが、無機質と違って有機物を扱うメカニズムはそう簡単ではなさそうであった。

せめて今と同様の相似形の大きな釜を作ればよさそうにも思えたが、同型のボリュームの大きい焙煎釜で必ずしも同じ結果がえられるという保証はなかった。

またガスの直火で行っていたのを、電気を含めた他の熱源に代える案も検討したかった。ムラなく焙煎するために玄米を躍らせる方法もいろいろ考えられそうであった。

焙煎前の水を使った浸漬による処理の方法も、再考の余地があるかもしれなかった。

二人で大阪に行って、豊蔵さん旧知の食品製造メカの専門家や在野の発明家の何人かに会って相談もしたが、アイデアはいろいろ出るものの、それを試作検討するための余裕は、時間お金共々我々に残されていなかった。


そんな中、一度豊蔵さんと一緒に、私の大学時代の学友であった東大教授の月尾君を、彼の研究室に訪ねたことがあった。月尾君は私と同じ建築学科の出なのだが、その多彩な好奇心と学識で建築分野に留まることなく、広くその才能が認められていた。当時その一つであるコンピューター分野での実績もあって、建築学科ではなく、機械工学科のほうの教授をしていたのだ。

豊蔵さんとしては、リブレフラワーの製造自動化に協力指導してくれるような人材を誰か紹介してもらえないか、という思いがあったのだ。

ところが月尾君曰く、頭でっかちの大学の中の人間は誰もそんなものは作れない。そういうことを考えるのは、手を動かすことを厭わない町工場の親父が一番いい。学問のある人間はその後で、うまくいった理屈を考えることは得意だけど、ということだった。

帰り道、豊蔵さんは、やっぱりモノを作るのは理屈じゃないよな、まずやって試行錯誤を続けるしかないよな、とつぶやいていた。


結局焙煎釜は今までのサイズのものの数を増やすことになったし、熱源はガスの直火方式のままだった。それでも大成建設のシステムエンジニアリング部と自動化を含めた生産ラインはいろいろ検討した。

いかにスムーズに水洗・浸漬した玄米を釜に運び入れるか、焙煎後の熱い玄米をいかに釜から出して、コンベアーの流れに乗せるか。これを自動化までは無理としても、いかにしたら人手を少なくできるか。粉砕機での処理と粉砕後の粉を製品化する流れはどうしたら一番効率的か。

等々余裕のない準備期間の中で、皆でいろいろ意見を出し合って考えた。

そして、焙煎釜を除くラインの設計・施工は大成建設が行うことになった。

お金はなかったが、豊蔵さんも私も作るからには今までの思いを込めた工場にしたかった。リブレフラワーを生産だけではなく、全国、いや世界に向けてリブレフラワーの理念を発信する基地としたかったのだ。

だから、研究工場と称して、一般の人に製造過程を見学できるようにし、付属のパン工房も併設され、講演のための集会スペースにはいろいろなメーカーが作っている製品が並び、粉を使った料理が供された。粉の製造や製品開発に使える研究室も準備した。

彫刻家の友人の吉田君がデザイン面でいろいろ協力してくれた。家具、扉、階段手摺などの作品を作って建物にちりばめてくれた。大きな御影の自然石に「シガリオジャパンあずみ野研究工場」の名を刻んで入り口に設置した。

—

豊蔵さんと田中君と私はその間、大成建設の支社のある松本と三郷村によく出向いた。

豊蔵さんは建物建設の話と同時に、三郷村の役所や農協の人々とこれからの協力体制をいろいろ話し合っていた。地元での雇用も話し合われ、工場長には地元の農協出身者になってもらうことになった。

私は単独で建築の打ち合わせなどで行く時には、松本駅前のホテルに泊まっていたが、時間があると市内をいろいろ歩き回った。以前にも別件で松本を訪れたことはあったが、私はこの街の文化の香り漂う落ち着いた雰囲気が好きだった。時間がある時、郊外の「松本民芸館」にも二度ほど訪ねた。

市内には居心地のいい喫茶店も多かったが、蕎麦を食べるのも楽しみだった。三郷村の現場に行く前によく蕎麦屋によって食べてから行った。教えてもらった女鳥羽川に近い「野麦」が贔屓だった。

三郷村との打ち合わせで豊蔵さんや田中君と行って三郷村で泊まる時には、我々は現場近くの室山山頂にある村営の温泉宿泊所に泊まることが多かったが、時々豊蔵さんと私は、少し遠方の山間の割烹旅館に泊まった。

ここに行くのはいつも誰かに車で案内されていたので場所が定かではないのだが、山道脇の渓流に面した静かな宿だった。弟夫婦と姉だけでやっていて、おいしい料理を出すから、地元の人々が会合、会食などによく利用する場所のようで、泊まり客はほとんどいなくて、我々が泊まる時は貸し切り状態だった。

料理は山菜、キノコ鍋、馬刺し、蜂の子炊き込みご飯等々の郷土料理で、美味であった。渓流のせせらぎを聞きながら、料理を肴に酒を酌み交わし、いろいろな話に夜の更けるのも忘れた。

そんなひと時はお互いにとって、日常の煩わしさを離れられる貴重な時間であったのだ。

4

その頃に、豊蔵さんは『ライスパワー』を出版した。それは彼が人生を賭して取り組んできた、玄米粉体化に託した思いを全身から吐き出すような本であった。

件の割烹旅館での夜、その本を肴に酒を酌み交わしながら、いろいろ話し込んだのを思いだす。

二人で今、世界が対応をせまられているラジカルな問題はなんだろうか、などというような話をした。

その一は飢餓がある。二十一世紀には飢餓と飽食の正面衝突があるだろう。

その二は核の問題がある。これも世界の存亡にかかわる。

その三に、人間の驕りが生み出した環境破壊がある。

最後に、エネルギー問題がある。これは環境破壊の問題ともからむが、有限なエネルギーからいかにしてリサイクル可能なエネルギーの利用に移行できるかが問われている。

その問題に関して、稲作は第一と第三の問題に対し重要な働きを有する要素となるはずだ。

なかんずく、玄米粉体化はこれらの問題に新たな展開をもたらせるはずだ。

そういって酒を酌み交わして、気勢をあげた。

さらに日本の問題として考えた時、コメは前述のように、政治的には食糧安保論や日本の構造的農業問題、さらに日本の国土における環境保全問題に対しての重要な要素であり、リブレフラワーはその解決策に向けての一石を投ずるはずであった。

ここまでの考えは二人の間でほぼ共通していた。

しかしそのころ豊蔵さんがエネルギーを傾注していた「コメ文化論」に関しては、私は必ずしも同調しない部分があった。

先ず第一に、玄米粉体化の重要性を世に問おうとしている今、「コメ文化論」をあまり強調することは、戦略的にどうかと考えていた。

確かに豊蔵さんの「コメ文化論」に興味を持ち、賛同する人は少なくないだろうが（実際『ライスパワー』を読んで日本の歴史や文化、日本人の本質に対する彼の指摘に興味を持つ人々が周りに現れてきていたのだ）、反対にそれが新しい資源として玄米全粒粉を広めようとする今、むしろ「コメ文化論」に対する見解の賛否によって、その運動のエネルギーが阻害されてしまうのではないかと私は危惧していた。

私はこの玄米全粒粉・リブレフラワーの最も重要な意味づけは、米の新しい資源論だと思っていたから、そこに「コメ文化論」を絡ませるのは、その焦点をにぶらせてしまうのではないかと危惧していた。


豊蔵さんは自らをコメに魅せられた〝狂〟の人だと自認していた。そこから発するのが、「唯米史観」という独善だといっていた。

その内容に関していえば、私は豊蔵さんの唱える「コメ文化論」に必ずしも賛同していたわけではない。

――

豊蔵さんの唱える「唯米史観」とはどんなものだったのだろうか。今振り返ってもう一度、私の理解する形で要約してみよう。

豊蔵さんによれば、日本は人種的にも文化的にも日本固有なるものではなく、他から様々な形で渡来したものが、最終到達点であるこの日本の地で混じり合い、変化し、発展したものだという。だから日本文化は一口でいえば「溜まり発酵・醸造文化」だという。そこから多くの人が指摘してきたような、日本人とその文化の特殊性が育まれてきたことになる。

日本の成り立ちにおいては多くのことが「記紀」において語られているが、これは日本統一をなしとげた大和王朝が、神話をもって神の子としての天皇制の正統性を作り上げた、いわば謀略の書であるという。

日本統一にあたっては、武力と同時に稲作技術の普及が力を発揮したはずで、日本統一を成し遂げた後は、その礎となるべき稲作における神事の祭司たることが、天皇の大事な役目となって、それは今に至るまで連綿と続いている。

豊蔵さんは「記紀」には稲作民族国家形成に関する象徴的な神話が散見されるが、自分の独善をもってすれば、こう読み解けるという（『ライスパワー』より）。

ニニギノミコトの降臨の先導をつとめたのがアマツクメノミコトである。

そして、ニニギノミコトの孫であり、日向から出発して大和の国にいたり大和朝廷をつくって、日本を最初に統一した天皇である神武天皇の「東征」の過程で、「まつろわぬ」民、すなわち先住民、あるいは原日本人を征服する軍隊をひきいたのは大久米命である。……

このように神武天皇にその武勇をたたえられた「久米の子ら」の棟梁「天津久米命」の〝久米〟は、いうまでもなく〝コメ〟の意味であり、武力にもすぐれ、同時に稲作技術の先進民族〝クメール〟の意味である。

天津久米命は、弓・剣＝武力とそれをささえるコメ＝食糧を二つともに統括していたのだ。

豊蔵さんはその前で稲作の日本伝来についてこう記している。

コメの発生は、いまから六〇〇〇年ないし七〇〇〇年前といわれている。天然自生のコメが人類の食生活にのぼるようになったのは、約五〇〇〇年～六〇〇〇年前で、北緯十五度～二十度前後、いまのカンボジアを中心にインド、南中国あるいはアッサムあたりからだといわれている。そして、このコメが日本列島に入ってくるのは紀元前二〇〇年、いわゆる縄文末期のことである。

日本の〝ライスロード〟を追ってみると、九州・板付の古墳で発見された籾が紀元前二〇〇年で、青森・垂水水田の遺跡が紀元二〇〇年だから、稲は約四〇〇年というたいへんなスピードで日本列島全域に伝播していることがわかる。

コメは、朝鮮半島をつうじて北九州から入ってくる経路、中国から出雲に入ってくる経路、そして台湾、沖縄、奄美をつうじて南九州に入ってくる経路と、大別して三つの経路を、前後して渡来してきたさまざまな民族によってもちこまれたと推察していいだろう。

コメの語源をたずねると、コメを日本にもちこんだクメール人のクメールが「クメ」「クマ」「カミ」「コメ」となったという説がある。

クメール人というのは、沖縄、奄美、南九州と〝海上の道〟をへて渡来し、現在の熊本あたりに住んでいた原住民と合体して「クマソ」になったといわれている。

クメール人は、現在のカンボジアの民族だが、古代からひじょうに戦闘的な民族だという。わたしは、このクメール民族が、当時の稲作の先進技術者だったのではないかと考えている。

この稲作の先進技術集団であったクメール族と、政治的天才集団であった天皇族が手をつないだのではないか。

そういう豊蔵氏の認識がどこまで妥当性があるのか、私には判然としないが、彼が私などよりはるかに貪欲に、勉強していたことは事実である。

そして豊蔵さんは、日本の歴史、文化の共通分母には、宗教やイデオロギーではなく、コメがその役割を担っていたはずだと強調する。

日本の歴史、文化の共通分母たるコメのもつ意義が疎んじられ、忘れられるなら、歴史を刻んできた優れた日本人の精神はどうなるのだろうか、と豊蔵さんは憂えるのである。

豊蔵さんはその特徴を、他の文化（欧米文化をイメージしてのことだろう）との相違点として以下のように記している（講演会資料より）。

イネオロギー型社会	イデオロギー型社会
稲作農耕社会	狩猟牧畜生活
連作定着	輪作遊牧
多神教（複合宗教）	一神教
自然主義	理想主義
集団主義	個人主義
共同主義	自由主義社会
母系型社会	父権型社会

情緒主義	原理原則主義
受容主義	契約主義
平等主義	能力主義
嫉妬社会	戦闘社会
改善主義	独創性
技術主義	創造性
勤勉・均質	発明・発見
コンセプトなき社会	コンセプト社会

日本文化の特徴についてのこれらの指摘は別に特に目新しいものではないだろうが、これらは全て「コメ」との付き合いにおける日本の長き歴史がもたらしたものだ、というのが豊蔵さんが強調するところで、それを彼はユーモアを交えて「唯米史観」と呼んだわけである。

日本人の歴史、宗教、文化、人間性といった全ての裏に、コメが横たわっているというのが、コメに魅せられた〝狂〟の人の言なのだ。

豊蔵さんにあってそこでは、コメは物理的実体を超えて物神化しているといっても過言ではないだろう。

日本人は無宗教だとよくいわれるが、日本人は無宗教なのではなく「粢《クロコメ》教」なのだというのは、諧謔心からだけではなく、結構本気だったのだろう。

――

私は前述したように、「コメ」が日本の歴史の主役で日本人の心の礎だ、といい切るほどコメに入れこんでいるわけではなかった。

豊蔵さんの指摘する日本人の特性は確かにそういう面はあるだろうが、日本人論＝コメ文化論として、コメを究極の原因と限定するのには賛成しかねた。日本の歴史において、確かに稲作は重要なファクターとして働いただろうが、歴史をそんなに判り易く単純にすることに、私は警戒感があった。

概して私は、宇宙、自然、歴史、人生、人間性等々に関する言説で、その基本原理が解明できたとか、本来の真理が明らかになったとか、深い意味や目的が発見できたとかいう類いの本にはあまり興味を覚えることはなかった。

そういう事象は人知を超えてはるかに複雑で多様であって、人間のあらゆる理解や解釈を受け入れ、なお残余があるものだろうと思っていた。「意味」は対象側にはなく、それを考える人間の側にある問題だと思っていたのだ。物事に「意味」が内在化しているのではなくて、意味が見出されたと思う後で遡及的に、前からその「意味」が物事に内在していたのだ、と考えられてしまうのだと思っていたのだ。

私にはそういう言説は、その内容がどうかというより、その人の精神的・心理的状態を物語っているように見えた。だから私はそういう事象に関しては、その真理や意味を考えるより、人はどうしてそんなことを考えるのだろう、そんなことを考えずにはいられなくなるのだろう、と考える方に興味が向かっていた。その内容よりむしろ、その動機付けが気になっていたのだ。

そういう傾向もあってだろう、私は概して日本文化論、日本人論なるものはあまり好きではなかった。勿論日本の歴史を遡って、日本人の精神構造の古層を実証的事実解明の積み重ねによって、構造的に明らかにすることは重要な問題だし、私もそれなりの関心をよせてはいた。

しかし少なからぬ場合、学問的にも論理的にも粗雑と思われるような日本文化論が、イデオロギー的面や感情的傾向が先行して、世の注目を集めるのを目にするのが嫌であった。そんな場合、他の民族との違いが強調されて、日本人の特殊性が賛美されたり非難されたりすることが多いのだが、日本人の精神構造をあまり特殊なものと考えることには抵抗があった。

どの国もそうだろうが、日本も多くの国との関係の中で歴史を刻んできたはずだ。日本の精神が単独だったわけではない。

勿論、日本人には日本人として長い歴史の中で培ってきた優れた点、また半面及ばない点としての特徴がいろいろあるだろう。そしてそれらが他国と違う特徴として際立っていると感じられる場合も多いだろう。しかしそれは裏返していえば、他の国が日本とは違う特徴を持っているともいえるわけだ。あまり日本精神の独自性ばかりに目を向けようとするのは、日本が世界の国々との関係の中で歴史を刻んできて、これからも関係し続けざるをえないということを、忘れさせる危険があると思っていた。

日本文化や日本人が他に類を見ない特色を持っていると自覚すると同時に、それも世界の中のONE OF THEMなのだという感覚をもつことのほうが大事だと思っていた。

だからそういう意味もあって、現在の日本人がコメに培われた日本人精神を軽んずるのを憂える豊蔵さんに対して、前述のごとく、「そういう変化も考えようによっては我々の米粉体化運動のバネになる話だと考えることもできるではないか。豊蔵さんには伝統にしがみつく憂国の士のというより、玄米の粉食化によって新たな礎を築こうという改革の士の顔が似合うのだから、妙に懐古主義的になるべきではない、といって励ましたりしたのだった。

しかしそれと同時に、私は豊蔵さんが人生を賭けて生み出した玄米全粒粉・リブレフラワーをもって、社会の改革者たらんとする夢に邁進するとき、彼の気質からいって「コメ文化論」に入っていくのは、必然的な流れだとも思っていた。その分野にも思索を深めたいという豊蔵さんの気持ちは理解できたし、反対するものではなかった。

豊蔵さん独特の話術をもって語られる「コメ文化論」は、凡庸な日本文化論よりはるかに面白かったから、それを二人で酒の肴にして過ごす時間は、私にとって楽しい一時であった。そして私は、自分の夢に向かって誠実に突き進もうとする、豊蔵さんの精神の純粋さは好きであった。

だから私は、豊蔵さんの行動や考えを外から批判的に見るのではなく、友としてつき合おうと心を決めていたのだ。

5

そして1991年5月、「シガリオ・ジャパンあずみ野研究工場」は完成した。初夏の日本アルプスを背景にしてその山並みに模した姿は、私がいうのもなんだが、なかなか美しいものだった。

竣工式には、今まで力を貸してくれた多くの関係者が集まって、盛大に完成を祝ってくれた。政界や官公庁はじめ、農協関係、各種団体、地元関係、愛好者、友人、知人等々。かなり遠くからの来訪者もあった。マスコミ関係もみえて、地元の新聞などでも大きく取り上げられた。『ＮＨＫモーニングワイド』でも紹介されたそうだ。

豊蔵さんは大阪の昔の「ブラック・パール」仲間にも知ってもらいたかったろうが、知らせたかどうか判らない。多分彼のことだ、しなかったと思う。

お金もないのによくここまで来たものだと豊蔵さんと祝杯をあげた。

――

完成後の新工場には、リブレフラワーの普及に努めて回った地方の関係者などが、バスで見学に訪れてくれたりした。その都度、豊蔵さんは東京から出向いて講演に熱弁を振るい、シガリオ製品でもてなしていた。

いよいよ新工場もできて量産体制が整ったので、後は販路を大きくすることが急務となった。工場新設の借金もあったから、豊蔵さんは更なる奮闘を己に課して頑張るしかなかった。

新工場ができ、『ライスパワー』出版の影響もあって、豊蔵さんの考えに賛同し、協力してくれる人々もいろいろ現れた。その中の何人かは、その後の豊蔵さんの活動に積極的に協力もしてくれることになった。

6 奮　闘

1

実は新工場建設に前後したこの時期、豊蔵さんは昔から温めていた計画を実行に移そうと奮闘していた。

それは、リブレフラワーによる飢餓地帯への食糧援助のことだ。

豊蔵さんは大阪時代に、多くの人を巻き込んでの市民運動の企画立案、そのオペレーション等に携わっていた経験があったので、飢餓地帯への食糧援助を玄米粉をもってするという夢を、なんとか多くの人々を巻き込む運動という形にできないものだろうかと、以前からいろいろ考えを巡らせてはいたのだった。

これは、世界の飢餓を救い、日本の稲作の危機を救うという、彼の本来の夢に大いに添うものであったから、彼は今まで既知となったあらゆる人々にその計画を説いて回っていた。

政財界、関係省庁、各種財団、市民運動、ＮＰＯ等々、多くの人々が関心を寄せる中、それが現実味をおびて動き出したのは、新工場完成前後のことだった。

このプロジェクトは、豊蔵さんにとっても会社にとっても、特筆すべき出来事だったのだから、少し長くなるがここに記しておこう。


―


それはまず、熊本県によるペルーへの食糧援助というかたちで始まった。

それはまだ新工場が完成する一年前（１９９０年）のことだったのだが、様々な形で多くのマスコミにも取り上げられ、世間の注目も浴びることになった。

『朝日新聞』の記事を記しておこう（１９９０年10月6日　ウィークエンド経済欄）。


「くまもとのコメ　ペルー干ばつ緊急援助」九月末、こんな文字が書かれた幕を車体に掲げ、二台の大型トラックが熊本市の農協会館前を出発した。大成系の食品会社、シガリオ・ジャパン（東京・豊蔵康博社長）の岐阜工場へ向かった。工場で玄米を粉にし、今月末、名古屋港からペルーに送る。

玄米粉はヌカに含まれる栄養素をそのまま生かした食品だ。従来の方法でコメを粉にすると、加工の際、のり状になったり、酸化しやすい欠点があった。しかし同社は高温で焙煎するなど特殊な処理技術を開発。冷えても固まらず、小麦粉と同様、様々な用途に応用できる玄米粉を作れるようになった。

水に溶かして飲むことも出来るし、パンやめん類、菓子の原料にもなる。家庭用ではそのまま添加剤として、みそ汁や茶、コーヒーなどにも利用できる。

コメと言えば、炊いて食べるのが普通だが、新技術はこの常識を覆した。農水省も低迷するコメ消費を拡大させる有力素材として、玄米粉作りに安い原料米を提供するなど力を入れ始めた。玄米粉の活用が進めば減反などケチなことを言わずに、多収穫米を利用して、パン米やうどん米など安価な原料米産地の育成も夢ではない。

「ペルーへの援助は、細川護熙・熊本県知事と豊蔵社長が「コメの未来」を語り合う中で結実した。同国は昨年からの干ばつで食糧危機。大統領のアルベルト・フジモリ氏の両親は同県出身。そこで同県は玄米粉を援助物資として贈ることに決めた。コメの輸出入は食管法で国の管理下にあるが、玄米粉は加工品なので問題はない。……

日本のコメ農家、高い生産技術と他に負けぬ経営センスを持つ。消費を広げる展望さえあれば、世界のコメの産地に負けることはない。ペルーへの援助は壮大な夢の実現に向けての第一歩といえる。

——

この事業の後に、このケースをモデルとして、同じ熊本で学校児童の協力も加味されたかたちでの継続事業が計画された。

この計画が行われた時には、シガリオの新工場がすでに稼働していたから、生産能力は上がっていた。

『読売新聞』の記事を引いておこう（1992年6月13日）。

減反田で海外援助米　児童総出で田植え

反田を利用し、食糧危機のアフリカ、南米などに援助米を贈ろうという熊本青年海外協力協会（原田三男会長）の呼びかけにこたえて、十二日、熊本県阿蘇郡長陽村の立野小（川口治夫校長）の全児童八十七人が学習田で田植えをした。村内の減反田のコメとともに、子供たちの温かい心が玄米粉として海を渡る。

食糧援助は、青年海外協力隊ＯＢでつくる青年海外協力協会（東京）が提唱。協会国際委員長の野田将晴が熊本県議で、第一弾のモデルケースとして取り組んだ。

立野小では、今年度から減反田十アールを借りて体験学習を始めた。児童たちは、はだしで水田に入り、父母らの手ほどきで、苗を植え込んだ。もち米を除く七アール分が援助米となる。

駆けつけた原田会長は「世界中で五億人が飢餓に苦しんでいる。皆さんの作った米は来年一月には食糧に困っている人々のもとに届くと思う」とあいさつ。

援助米生産は減反田でも転作田に算定されることを生かし、農家にも協力を呼びかけた。減反田で契約生産し、収穫したコメを募金で買い取る方式で、今年は同村で五ヘクタールを契約、秋には二十四トンの玄米を粉にしてザンビア、ペルーなどに送り出す。

１９９３年にこの玄米粉は（これ以上の説明はないがリブレフラワーのことである）、

ザンビアに向けて送り出された。

『産経新聞』（1993年2月2日）にはこうある。

熊本県の阿蘇山ろくの減反田（休耕田）を利用して生産した玄米の粉末を載せた貨物船が横浜港本牧埠頭《ふとう》から一日夕、南部アフリカのザンビア共和国へ向けて出港した。この玄米粉の輸送は、海外青年協力隊のOBで組織される社団法人青年海外協力協会（本部・東京都港区）所属の熊本県議、野田将晴らが三年越しで進めてきた民間ボランティア事業。玄米粉は約二カ月後の三月末、遠くザンビア共和国北西部・メヘバ難民キャンプへ送られる。

援助米の送られるザンビア諸国では、トウモロコシを精製して作った粉を湯の中で溶きダンゴ状にした「ウガリ」「シマ」と呼ばれるものを主食としている。一九九一年八月、ザンビアで開かれた「アグリカルチュラル・コマーシャルショー」（農業祭）に青年海外料力隊の栄養部隊が参加、玄米粉を使ったウガリを作ったところ、大好評だった。援助要請を受けた青年海外協力協会では、街頭募金、個人・法人からの募金など、民間ボランティアの協力を得て、資金一千二百万円を集めた。

さらに地元農協、農家二十一戸、立野小学校の協力を得て二十ヘクタールを生産田として契約、一俵あたり一万円で買い上げ、二十三トンの援助米を用意した。

この事業の中心となってきた野田さんは「日本の農業は現在、危機的状況にある。その主因は減反だ。多くのコメ作りの農家が生産意欲をなくしている。余剰米の問題を解決する意味でも減反田を使って生産した」と説明する。

コメの輸出入は食糧管理法により行えないが、コメを一度すりつぶし、粉末状にすると接触しない。また、通常の方法で粉末化するとビタミンなどが破壊されるが、食品会社のシガリオ・ジャパン（本社・東京都台東区豊蔵康博社長）が開発した技術でこの問題は解決された。こうしてできた玄米粉は約二十トン、玄米にして二十三トンが今回、ザンビアへ運ばれる。

「小麦を中心とした粉食文化圏に粉末状のコメを移入させることは、粉食文化を侵さずに、コメを現地に定着化させることになる。砂漠化が進む地域に水田ができるようになれば、地球環境破壊を防ぐことにもなる」と野田さん。

一日午後、横浜港本牧埠頭が「オーシャン・エリート」号へ積み込まれる様子を見にきたジョー・ムワレ駐日ザンビア大使は、青年海外協力協会の木村勤事務局長と握手を交わし、「祖国に無事、玄米が届くことを祈ります。このことをきっかけに両国の友好を深めていきたい」と感謝の意を表した。

豊蔵さんはこの一連の運動にあたっては、あまり一社の一製品が脚光を浴びるのも、それを問題視する向きも出てくるやもしれないと、できるだけ表舞台にでることを避けていた。しかしそこに飛び交う言説は、まさに豊蔵さんのものそのものだ。

―

その頃アフリカのソマリアが、内戦によって危機的飢餓の状態に陥った。

そして世界中からは、食糧援助の手が差し伸べられようとしていた。

その中にあって日本もその一角を担うべく、外務省が中心となって、コメによる食糧援助を計画した。

それは、全国からコップ一杯のコメを持ってきてもらって、それを送ろうという計画だった。しかしその計画に食管制度の壁が立ちはだかった。

『産経新聞』（1993年2月24日）にこうある。

内戦と飢餓に襲われているソマリアの主食はコメだ。そこで日本の外務省は全国の子供たちの善意を集め、大量のコメを送る作戦をひそかに考えた。ところがコメを一元管理する食糧管理制度の壁が立ちはだかった。人の派遣ができないならせめて、と打ち出そうとした国際貢献策は、旧態依然たる日本的システムの前に消え去った。

さすがにそれはおかしいだろう、という声が大きくなって、民間ボランティア団体によってそれが実行されることとなった。

一カ月余り後の『産経新聞』（1993年4月3日）にはこうある。

飢餓に苦しむアフリカ・ソマリアへ日本全国の子供たちの善意を届けようという「コップ一杯のコメ」送ろう運動で、民間のボランティア団体は二日、実行委員会の設立を正式に決め、六月七日から三百万食分、五百トンを目標にコメや寄付金を募ることになった。外務省などが後援し、官民一体となって救援活動を展開するもので、七月には現地に届けるという。

ソマリアでは現在でも食糧不足、国連も二月に食糧援助を求める緊急アピールを出した。とくにコメと食用油、砂糖で作ったおかゆが喜ばれているため、外務省は昨年末、全国の小中学校約三万六千校、千四百三十四万人の生徒にコップ一杯のコメを持って来てもらおう――と計画したが、コメを一元的に管理する食管制度の手続きや輸送費の負担が問題となっていた。

本紙の長期連載「沈黙の大国」（二月二十四日付）がこの経過を取り上げ、農水省も「食管法は妨げにならない」（石破茂政務次官）との見解を示したので、民間団体が外務省などの協力を得ながら「ソマリアにコメをおくる会」の実行委員会づくりを進めていた。この日の会合で「難民を助ける会」「全国子ども会連合会」「日本青年団協議会」「全国地域婦人連合会」「アフリカ協会」「日本赤十字社」をメンバーに実行委員会を設立し、五月に正式発足させる。

ここではまだ、焙煎米粉として送るという話は出ていない。

その後の経過を『朝日新聞』（１９９３年６月１日）で見てみよう。

「ソマリアへコメを送って」　黒柳さんら呼びかけ

アフリカのソマリアの子どもたちを飢えから救おうと、このほど結成された「ソマリアにコメをおくる会」の呼びかけ人の黒柳徹子さんと森進一さんが三十一日、外務省で記者会見し、協力を呼びかけた。

この会は、全国子ども会連合会、全国地域婦人団体連絡協議会など五つの団体が中心となって作られた。コメは、長野県内の工場でばいせんして粉末にする。こうすれば水に溶かすだけですぐ食べられ、消化吸収がいいうえ、長期保存も可能になるという。

受付は七月七日まで。コメと同時に、コメ一キロ当たり五百円をめどにお金の寄付もしてほしいと呼びかけている。お金だけの寄付にも応じる。

あまり表立って書かれることは少なかったが、この時点ではこの運動にあっても、シガリオの焙煎技術をもってするという熊本方式が踏襲されることになった。

8月末には、ソマリアへのコメを送る準備が整った。

『毎日新聞』（1993年8月28日）にはこうある。

飢餓にあえぐソマリアに米を送る活動をしている「ソマリアにコメをおくる会」（相馬雪香実行委員長、日本赤十字など後援）に寄贈された白米、約五十トンの輸送積み込み作業が二十七日、横浜市鶴見区大黒ふ頭の日本通運大黒国際輸送支店で始まった。

送る会は今年三月、黒柳徹子さんや森進一さんが呼び掛け人となり、「難民を助ける会」など五つの民間団体が集まって結成した。五月下旬から全国に寄付を呼び掛け、これまでに学校や会社など五万の団体・個人から約七十五トンの米が集まった。

白米は傷みやすく、長期保存が難しいため、長野県松本市の工場で粉末に加工し、二十キロずつ袋詰めした。米袋には調理法がイラストを添えて英語、ソマリア語で書かれている。

今回は第一便として約五十トンをパナマ船籍のパイオニア・ウエイブ号に積み込み、九月七日に横浜港を出港。約一カ月後、ケニアのモンバサ港に到着する。ケニアからは赤十字国際委員会（ＩＣＲＣ）によりソマリアの病院などに運ばれる。五十トンで一万人が約一カ月間食事することが出来るという。……

この運動のその後については、「ソマリアにコメをおくる会」の協力各位への礼状（1993年10月25日）によって知れる。

六月初旬から始めた運動でこれまでに全国から100トンの生米が寄せられ、このほどコメの募集を終了しました。

集められたコメは松本市の工場で焙煎粉末化し、内、生米60ｔに相当する加工米51ｔが去る10月11日、ケニアのモンバサ港に到着、日本から派遣された味田村太郎ボランティアから、ジャン・フランソワ・オリヴィエールＩＣＲＣ（赤十字国際委員会）地域代表に引き渡された。……

残る40ｔの生米は10月末までに焙煎粉末化を終え、約35ｔの加工米として日本郵船所属の「ヴァレリア」号に積まれ、11月９日、横浜大黒埠頭を出港、12月３日、モンバサに到着する予定です。

ただ、ＩＣＲＣは来年早々に現地機能を大幅に縮小することになったため、ナイロビの日本大使館の代表を含む話合いの結果、UNHCR（国連難民高等弁務官事務所）の要請に応え、同事務所が開設しているケニア南部4カ所あるソマリア難民キャンプで使用してもらうことになりました。……

「戦後最大の凶作」「空前のコメ不足」「タイからの緊急輸入」等、挙げ句に「コメ泥棒」のニュースが続く中でのソマリア支援でしたが、みなさんのお力でようやくここまで来ました。ご協力ありがとうございました。

―

その後この「ソマリアにコメをおくる会」の組織活動が、継続的発展をみることはなかった。

この運動とは別途、NGO「健康&食糧機関」（代表・鎌田常一）によって、1999年頃までアフリカの飢餓地帯へのコメを送る活動は行われていたようである。この運動の詳細は今私のよく知るところではないが、手元に残る会の機関紙（2001年春）によると、以下のような概要が知れる。

1994〜95年はルワンダへ、1996〜97年はエチオピアへ、1997〜98年はエチオピアとガーナへ、1998〜99年はガーナとザンビアへ、毎年コメによる食糧援助を行ったとある。その時は全てかどうか判らないが、新潟の製粉会社によるライスミールを送ったとある。

1999年にはザンビア、ガーナの病院等に送られたものの記載には、「援助米は玄米の微粉末・リブレフラワー。玄米のまま25ミクロンの微粉末に加工し、」届けられた、とある。

そうならば、1999年の時点で、豊蔵さんは鎌田さんと知り合って、リブレフラワーを勧め、シガリオが協力したことになる。

この時の援助にあっては、「地球環境平和財団」が始めた「地球環境米米フォーラム」によって収穫されたコメの一部を寄贈されたとあるから、その場を通じて豊蔵さんと鎌田さんは知り合ったのかもしれない。

しかしNGO「健康&食糧機関」によるこの運動も、その後シガリオが関係した記録がないから、どうなったのか判らない。

―

1991年のいわゆるバブル景気の崩壊後、世の中は「日本列島総不況」といわれる状態が続いたから、社会の関心は、地球規模の食糧問題や日本におけるコメの問題から、徐々に遠ざかっていったのだ。

シガリオにとってこの一連のプロジェクトを、今ここで思い返してみると、明らかになったいくつかの点が思い浮かぶ。

先ず、あらゆる面において特別視されてきたコメを、政治の場で扱うことの難しさが改めて認識された。

それに、援助米を焙煎加工米として送るという良策も、それに見合う技術、製品が当時は一社一品に限られていたことも、運動の継続的進展を難しくしたかもしれない。

さらにいえば、海外援助という政治の場は、決して善意の集まりの場とばかりいえるものでもなかったのだ。援助物質の選定においても、自薦他薦を含めて、政治的思惑の渦巻く競争の場だったのだ。そういう場において、豊蔵さんはよく孤軍奮闘したとはいえ、熊に挑む孤犬の感は拭えなかった。

「ソマリアにコメをおくる会」についていえば、会がさらなる他の飢餓地帯へと運動を継続出来なかったのには、その会の礼状の最後にあるように、当時日本で起こった「空前のコメ不足」の事態も、影響したことだろう。

またこの運動自体がボランティア色の強いものであったから、シガリオにとってみても、加工費としての収入があったとはいえ、当時の会社の台所事情をそれほど助けるものではなかったはずだ。運動に携われるメンバーも豊蔵さん中心とならざるをえず、運動の継続・発展を支える戦力も充分とはいえなかったのだ。


そしてこの運動が発展する中で、豊蔵さんとその仲間にとっては根本的に不満足と考えられる場面がないわけではなかった。

それは、この運動の前期の「熊本方式」にあっては、援助米は焙煎玄米粉、つまりリブレフラワーであったが、後期の「コップ一杯のコメ」運動にあっては、焙煎白米粉であったことだ。

白米粉は、豊蔵さんの考える玄米粉とは似て非なるモノだったのだ。

しかしこの「コップ一杯のコメ」運動にあっては、全国からの善意を集めて送るということが大事な趣旨でもあったから、それを玄米でというのは、さすがに無理というものだったのだ。

この運動は豊蔵さんにとって、コメの焙煎粉体化の利点を見える形で多くの人が認識してくれたという点では成果があったものの、コメ本来のホールフード・玄米としての価値を十全に発揮するものではなかったので、その点では不満の残るものだったのだ。

しかし豊蔵さんは、この運動の先の時点では、玄米粉による援助に変えることも可能だと思っていたはずだ。

以前、食管法により供給と需要のアンバランスによって、政府の倉庫に古米、古々米が溢れかえった時、豊蔵さんは、ＯＤＡ予算を活用して、それを玄米全粒粉・リブレフラワーとして海外援助するべきだ、と説き回っていたことがあったのだ（それはそれで、大きな壁が立ちはだかることだったろうが）。

豊蔵さんとその仲間の、夢や理念の力が、飢餓地帯への玄米全粒粉による食糧援助を継続発展させていくためには、未だ力不足だったということだろうか。

2

新工場建設後、リブレフラワー普及のために、リブレフラワーによる食品開発とその普及への努力は以前にも増して行われた。

リブレフラワーによるパン作りは当初から豊蔵さんの悲願だった。

新工場の建設に伴って、工場内の工房で作るパンが評判となって、そこで一般にも販売されていたが、それが長年の苦労の結晶たるリブレパンだったのだ。

実は米粉で作るパン技術はなかなか難しいものだった。

穀物の澱粉は水と熱で糊化し放置すると固化するが、コメの澱粉は小麦の澱粉に比べ格段に固化し易いから、パンを作っても柔らかい状態を保つのが難しい。これは、煎餅や餅を見れば明らかなことだ。

また玄米粉を使うとなると、ミネラルの酸化問題も解決しなければならなくなる。

玄米の表皮、いわゆる糠はミネラルの宝庫なので家畜の餌などにしていたが、気をつけないとすぐ酸化して毒性に変じてしまうのを見ても判る通りだ。

この二つのコメの特性が、米粉の広範な利用を妨げてきた。

しかしこの澱粉の固化を防ぎ、遅らせる技術は今はいろいろ工夫されているらしいが、当時はこれがなかなか難しかった。

ちなみに、リブレフラワーに於いては焙煎化されているので、この固化現象もミネラルの酸化問題も起こらないのだ。

固化の問題が解決し、玄米のミネラル分を落とした白米粉のみの使用で酸化の問題を解決したとしても、別の問題があった。それは米粉では小麦粉で作るような気泡を閉じ込めたフックラ・サクサクパンはできないのである。

小麦粉を水で練ると、小麦のタンパク質はグルテンを作り、これが網目状に結びついて、イースト菌の発生させる炭酸ガスを閉じ込めて、パンの中に多くの気泡が残るのだが、米粉ではそのグルテンができないのである（当時はグルテン・フリーなどという言葉で、それが逆に評価されることなどなかったのだ）。


そういう問題もあって、巷に出ている米粉パンは多くの場合、原料に米粉を提示しているものの、小麦粉の中に何パーセントかの米粉を混入させているものが多く、その割合も明示されていないものが大部分だった。ひどいものは、人目を引くために米粉パンといっているが、実質は米粉トッピングパンと呼ぶようなものが多かったから、豊蔵さんはそんな使い方は米粉を侮辱するものだと憤っていた。

私も街で米粉パンの表示があるパン屋があると、米粉の割合はどのくらいなのか尋ねたりしたが、はっきりした返事がないのがほとんどだった。

自然食品店などでは、包装された米粉パン製品も見かけるので、ひっくり返して原材料を確かめたりした。加工食品は原材料の表示は法律で義務付けられているし、確かその記載は成分量の多い順にすべきはずだった。米粉パンのほとんどが小麦粉が米粉より上にあるのだった。その上、小麦粉と米粉の割合が明示されたのを見たことがなかった。

——

豊蔵さんはあくまでリブレフラワー主体でのパン作りを目指して、いろいろなパンメーカーにリブレフラワーを提供して、試作してもらったりしていた。

実はパン作りに関しては、大阪時代、岐阜時代から、「パンのカワバタ」の川端さんというパンを研究する人物がいて、彼が一番熱心に協力してくれていた。

彼は新工場ができるのに合わせるようにして、モチモチ感があって、ほんのり甘い（これは玄米の甘味だ）、ほぼリブレフラワーによるパンを完成させていた。それは既存のパンに較べてふっくら感こそ少ないものの、固化せず、自然なおいしさのある、腹持ちするパンだった。

彼の指導の下に、新工場のパン工房で作って売っていたのが、このパンであった。

それ以後、リブレパンに興味を見せるメーカーがあると、川端さんは積極的に製法を指導してくれたので、いろいろなパン屋が試作して店に並べるようになった。

しかしやはり原料価格の高さの問題もあって、リブレパンは既存の種類の中の変わり種と受け取られたから、売れる量に限りがあった。

リブレパンが世間に浸透するためには、どうしてもそれなりの数が必要であったから、豊蔵さんはこの状況を打破する策として、リブレパン主体のパン屋のチェーン展開ができないものだろうかと苦慮していた。リブレパンを既存のパンの変わり種ではなく、新しいジャンルのパンとして認めてもらう必要があったのだ。

勿論シガリオ自らチェーン展開できる余力はなかったから、我々は外部の企画事務所も協力してもらって、リブレパンのフランチャイズ方式のための企画書を作成した。既に他分野でフランチャイズ展開している企業やパンメーカーなどが、興味を示して話し合ったこともあったが、実現には至らなかった（そういえば、あるハンバーガーチェーンで、リブレパンのメニューが加わることはあった）。

それでも豊蔵さんはリブレパン普及への希望を断念することはなかった。

後になって豊蔵さんは松本市内に自営のリブレパン専門店を開いた。結構好評だったが、今も続いているかどうかは定かではない。

—

また学校給食へのアプローチは岐阜時代の当初から随分努力していた分野だった。豊蔵さんは、成長期の食事は教育と並んで人格形成の重要な礎だと考えていて、現状の青少年に係る社会的諸問題もそこに原因の一端があると考えていた。

だから子供の成長期に供する食事は、できるだけ添加物の少ない自然の生命あるものを食べさせるべきだと考えて、それを「食育」と称して給食の重要性を強調し、その一環として玄米焙煎全粒粉・リブレフラワーの利用を唱えていたわけである。

また豊蔵さんは、子供時代に経験した味覚体験が、その人の後の味覚傾向を左右すると考えていたから、出来るだけ多くの子供にその味を体験しておいてもらうことが、将来の玄米粉食普及のためにも大切だと考えていたのだ。

しかしこの分野は文部省からの応援はあったとしても、給食への使用権限は地方にあるので各市町村を各個撃破せねばならず、努力に比して成果は限られていたのだった。


またリブレフラワーは、災害用の備蓄食品としても適しているはずだった。

豊蔵さん達は、その為にいろいろな方面に働き掛けたようだが、これまた大きな成果があがるまでにはいたらなかった。

賞味期限は長く、栄養価が高く、手を加えることなく水に溶かすだけで食することもできたから、なぜ採用されないのか不思議な思いだったろう。

役所や団体などがからむと、どうしても一中小企業の未経験食品は敬遠されるのだった。

豊蔵さんは、役所の食物・味覚に関する保守性は如何ともし難いところがあると嘆いていた。

ここもまた海外援助と同様に、政治的競争の場の面が強かったのだ。

学校給食もそうだが、備蓄食品にしても、その管轄箇所を個別に説得するのは、努力に比して実り少なく、またシガリオの戦力も不足していたのが実情だった。

――

結局いくら理念や意義あるものでも、いろいろ採用してもらうには、人々に知ってもらわなければ始まらないことだ。

そのためには、どんな食べ物でもおいしいものでなければダメだということで、豊蔵さんは、健康に良くておいしい「グルメルシー」というキャッチコピーで（こういうのは彼は昔から得意なのだ）、リブレフラワーの利用法を広く知ってもらう努力を進めた。それが価格面のハンデを克服する道にも思われたのだ。

様々な食の祭典に積極的に出展したり、著名な料理人、料理研究家などと料理法やメニューを研究して試食会を何度か開いたりした。

ある時は著名ホテルで人々を招き、小麦粉の代わりに、ソースを含めて全てリブレフラワーに置き換えたフランス料理のフルコースを供したこともあった。

そんな時には、テレビや雑誌にもたびたび紹介され、それはそれで話題になったが、ブームを呼ぶというほどにはならなかった。

リブレフラワーを使った製品開発も、今までは賛同してくれるメーカー任せの感があったが、積極的に関与するようになった。

量は少ないが、リブレフラワーを利用した製品はいろいろあったが、蕎麦やうどんのような麺類は幾つかメーカーが作っていて、シガリオでも自社で販売していた。

その中に会津若松の「ヤマゴ」という麺メーカーがあって、賛同者の社長の五十嵐さんが、リブレフラワーを使って中々優れた麺を作りあげていた。冷水で締めたザルなどは、ツルツル感も歯ごたえも、讃岐うどんと遜色ないものだった。

豊蔵さんは、それを使っての店舗展開ができないかというので、我々と「ヤマゴ」共々でいろいろ企画を練った。

「きなりめん」という名を豊蔵さんが考えて、蕎麦でもうどんでもない、玄米紛による新しいジャンルのグルメルシーな麺ということで、フードコーディネーターも交えて、メニューもいろいろ考え試作もした。

いろいろな方面に働きかける中で、例えば米菓の「銀座あけぼの」が興味をもったので、人形町にあった小さな店舗で始めようかという話も出たが、結局これも相手の都合で実現にいたらなかった。

新しい味覚を世間に定着させ、商売上も成り立たせることは、原料が高いこともあって、困難なことだったのだ。

3

食品以外の利用はないだろうか、という話が出たこともあった。

香川県高松市に四国総合研究所という会社があった。ここは四国電力の子会社で、四国電力が地元支援の一環として、四国の産物などを使って新規の事業を行おうとするパイオニア企業を支援していた。既存の企業もあったが、自ら企画立案して事業者を探したりしていた。

中に、地元産の米を使って、美容品を作っている酒造会社もあった。

四国総研からリブレフラワーを原料として、何か新たな製品ができないものだろうかという話があって、豊蔵さんと四国に何度か出かけたことがあった。いろいろアイデアは出たが、どうみてもリブレフラワーの目指す本道には遠いものだったから、豊蔵さんもあまり乗り気にはならなかったようだ。

ただ高松に滞在中に忘れられないこともあった。

ある夏の日、四国総研の紹介で、牟礼町にあるイサム・ノグチの作品群を見に行くことができた。「イサム・ノグチ庭園美術館」として公にオープンして、間もなくだったような気がする。

彼が和泉正敏氏の協力を得て制作した、庵治石の膨大な作品をこの地に残している、という話を人伝に聞き及んではいたが、それは聞きしに勝るものだった。

居住用の古民家と、古い木造の酒蔵を改造した収蔵庫とその周りの展示庭、さらにその脇の小高い山状の台地がその舞台だった。

周辺一帯は凛とした空気が張り詰めていて、私はその夥しい作品群に言葉を失った。いわゆる近代抽象彫刻で、これほど心揺さぶられたのは初めてのことだった。

収蔵庫の薄明かりの中にたたずむ、黒御影の巨大な『エナジー・ヴォイド』の存在感を忘れることはないだろう。

メイン舞台である小山を登って行くと、自然と一体化して、いくつかの作品が地に息づいていた。それらは作品というより、自然、なかんずく大地の霊そのものの化身のようであった。

山頂には巨大な庵治石の塊が、瀬戸内の紺碧の海に面して置かれていた。岩はほぼ中央で上下に、横一線真一文字に切り隔てられ、わずかな隙間を空けて、上部は宙に浮いているように見えた。

イサム・ノグチの遺骨の一部が岩の中に収められている、と聞いた気がするが定かではない。しかし、さもありなんと思うばかりであった。

小山全体にイサム・ノグチの霊気が充満していたのである。

見終わって来訪者名簿に記載しているとき、係の人がこの前も同じ豊蔵姓の人がみえましたよというので、名簿をパラパラしていたら、そこに豊蔵さんが「兄貴」と呼ぶ、元建設省事務次官の名前を見つけて彼はビックリしていた。

それから遠からぬある冬の日、私は自分の事務所の仕事で札幌に行った時、大通り公園にあるイサム・ノグチのデザインによる子どものための滑り台を見に行った。その模型は美術館で見ていたのだが、その時一緒にあったモエレ沼公園計画の模型を思い出して、これも札幌のはずだからと思い立ってタクシーに乗った。しかし運転手さんはそこがどこかよくわからず、会社に連絡していろいろ調べてもらって、ここだろうと思われる方角へ、降りしきる雪の中をかなりの距離進んで行った。

着いたところは確かにモエレ沼という場所だったが、まだ工事が始まったばかりで、柵が張り巡らされているばかりだった。ろくに調べもせずの早とちりで、タクシー代はゆうに一万円を超えていた。

——

後日、イサム・ノグチの縁を思わせる出会いもあった。

田辺光彰さんという彫刻家がいて、我々と親交するようになったのだが、彼はイサム・ノグチの唯一の弟子を自認していた。イサム・ノグチは、自ら弟子をとるようなことはなかったろうから、田辺さんは自ら押しかけていって、ある期間を傍らで生活を共にしたようであった。

豊蔵さんが田辺さんを知ったのは、多分「地球環境平和財団」(飢餓地帯への食糧援助の項で記した財団である)を通じてだろう。

この財団は1999年の輪島市を始めとして、毎年日本各地において「地球環境米米フォーラム」なるものを開催していた。これは日本ばかりでなく、国際社会においても広く、日本の優れた循環型農業である水田稲作への理解を深めてもらおうとするものだった。だからこのフォーラムには、多くの国の駐日大使や外交官が招かれ、日本各地の市民・子供共々、田植えや稲刈りを実体験してもらおうというものだった。

第一回目の輪島では棚田(千枚田)が舞台となって、天皇が宮中で収穫された種籾の一部が下賜されたということだ。

この活動にシガリオも協力していて、田辺さんも稲作には多大の関心を寄せていたから、その縁で豊蔵さんと田辺さんは知り合ったに違いない。

ある年、東京でその財団が主催する稲作に関するシンポジウムが開かれた。

そのシンポジウムには私も出席したが、外国からも多くの参加者があって、タイの皇女も出席していた。

その壇上の幅いっぱいに、ノギの異常に長い原種稲の籾の巨大な画が掲げられていた。それが田辺さんの作品だったのだ。


田辺さんは深くコメにコミットしていて、特に稲の原種に深い思いを抱いており、それをテーマとして多くの作品を発表していた。現在発信すべきテーマとして環境、飢餓の問題から原種の稲に行き着いたとのことだった。

彼によれば原種の稲はタイの限られた湿地帯に今も自生しているが、絶滅の危機に瀕しているそうで、タイの皇女が中心となってその保存運動を続けているとのことだった。その原種の稲の保存がシンポジウムのメインテーマの一つだった。

田辺さんはその保存活動に協力していて、それをテーマにタイなどで大きな彫刻を創ったりしていた。

原種野生稲のノギは栽培品種に比べてはるかに長く鋭いもので、他に移して栽培すると次第にノギが短くなってしまうのだ、と田辺さんが話していた記憶がある。

また田辺さんは何度か単独で、米の原産地の一つと目されていた中国の雲南省の山村にも、出かけたりしていた。

田辺さんは豊蔵さんの考えに共鳴して、その後よく我々の協力者として行動を共にするようになった。

彼が大きなアルミニウムの塊から、火炎をもって削り出した野生稲の籾の彫刻があって、それは安曇野の工場に置かれていたのだが、今もあるかどうかは判らない。

ある日田辺さんと一緒に、豊蔵さんと彼の作品を見に横浜の本牧埠頭に行ったことがある。「遥かなるもの・横浜」と題された「貝」と「花壇」という二つの彫刻だった。「貝」はシンボルタワーの正面に据えられた、ホタテ貝をモチーフとしたアルミの巨大な彫刻だった。

タワーのそばにある「花壇」は渦巻き状の石組みの中に、海流に運ばれて昔から横浜の地に自生した植生を自然のまま再生・繁茂させたものだった。その石組みは、イサム・ノグチゆかりの庵治石を使って、牟礼の職人が組み上げたものだ、と田辺さんはいっていた。

その帰りだと思うが、豊蔵さんと私は日吉の丘陵地帯にある田辺さんの自宅に行った。家は広い雑木林の中にあって、敷地の中に、何を祭ってあるのか古そうな大きな社らしきものがあるのには驚いた。

庭やアトリエに作品群が置かれていたが、そのアトリエの一角にかなりの数の菰を被った荷物が置かれていた。

開けて見せてくれると、それは鉄製の農機具だった。鎌、鋤、鍬、鋏等と共に、よく用途の判らないものも散見された。

田辺さんは、昔の日本のどこにでもあった村の鍛冶屋さんが作る農機具が、もう消滅しつつあることを憂慮して、まだ残っている全国様々な地方の鍛冶屋さんを訪ねて、そこで今も作れる農機具を一式頼んで作ってもらっているのだった。

田辺さんによれば、同じものでも、たとえば鋤一つとってみても、地方により、また使い道により種類も形も違うから、作り手が少なくなったとはいえ、結構な数になるのだといっていた。

頼んでもいつできあがるかは鍛冶屋さん任せなので、時々こうして荷物が届くのだということだった。

豊蔵さんもそうだったろうが、私はこの話を聞いて胸が熱くなった。

その日、酒肴を供されて三人で酒を酌み交わした。

その時いろいろな話を三人でしたと思うが、田辺さんがなぜイサム・ノグチの弟子となろうとしたのか、という話になった。

田辺さんは確か、芸術家が己独りで世界と向き合う覚悟とその処し方を、身近にいて肌で感じたいと思った、というようなことを話していたと思う。

その覚悟と処し方は、豊蔵さんにあっても（そして私にあっても）、同じように自分の人生の根本にあった問題だったはずだ。


あの農機具は今どうなっているのだろうか。

7　夢の行方

1

そもそも豊蔵さんと我々の究極の目指すところは、小麦に代わり得る基礎食糧としてリブレフラワーを世に広めることであった。

それが現在の日本における、農業問題、食糧安保問題、国土環境問題、健康問題等々の諸問題、さらに世界における飢餓問題、貧困問題、環境問題等々の諸問題に解決の糸口を与えるものだ、と考えたからであった。玄米はあらゆる面において、小麦を凌駕する食糧であるのだ。

しかし、豊蔵さんを取り巻く環境は、多くの賛同者はいたものの、彼の身を削るような努力にもかかわらず、明るい展望が開けたとはいい難い困難の連続だった。

そういう困難な状況の中でも、玄米の長所である健康食品としての分野においてだけは、リブレフラワーは確実に世に浸透し始めていた。

この粉はそのままの状態でスープやオートミールのようにして食べられるから、玄米愛好家の間で知られるようになっていた。粒の玄米と違って胃に優しく、吸収率は高く、料理素材にもなったから、粒の玄米に較べ優れていたわけだ。

玄米食による健康法というのは昔からいろいろな形で脈々と続いていて、宗教的分野にも似てその提唱者は数多く、その信者は結構多いのだった。

デパートの健康食品コーナーを始めとして、多くの健康食品関連店にリブレフラワーが並ぶようになっていた。

健康食品として病院食や高齢者食にも適していたので、豊蔵さんはその方面への売り込みにも努力していた。

その努力の甲斐あって、東京都医師共同組合連合会の推奨品にもなって、玄米食に関心のある病院の医師が患者に薦めたり、自分のクリニックで取り入れたりされるようにもなった。市井のいろいろな健康道場や健康サークルなどもこの粉に関心を持つようになっていた。

―

その一人に安陪常正さんという、私と同年の僧侶がいた。

安陪さんはもとは永平寺に在籍していた僧侶で、代々東北地方の指圧治療を行う家系だったそうで、永平寺の貫首などの健康管理もしていたとのことだ。昔、晩年の鈴木大拙氏のお供でフランスの道場に出向いて、座禅の指導もしたことがあると話していた。

彼は港区の麻布十番商店街の近くのマンションの一角で、座禅と指圧と温泉と玄米食による健康道場を開いていた（麻布十番には昔から温泉があるのだった）。

結構著名人も出入りしているようで、よく下に黒塗りの車が停まっていたりした。総理だった羽田さんも彼の指圧を受けていて、その縁で豊蔵さんは安陪さんと知り合いになったらしい。

安陪さんは豊蔵さんの夢に賛同し、自分の玄米食にリブレフラワーを採用した。

当時豊蔵さんは今までの無理がたたったのか腎臓を悪くしていて、リブレフラワーの話と共に指圧治療を受けていた。私も一緒に時々行って、安陪さんが治療の終わった後にいろいろ話し込んだりした。

ここも一風変わった人種が集まる場所だった。治療の終わった後、別室には安陪さんと懇意にしている患者さんや、患者さん以外の様々なよく判らない人々も集まって、食べたり飲んだりしていた。台湾でコメの流通に携わる重鎮らしき人や、九死に一生を得た後、仏画制作に精進している人や、尺八を趣味で作る人などもいた。

私も安陪さんから指圧を施してやろうといわれたが、魂を抜かれるのはいやだといって断った。私も一ノ宮の教団との付き合い以来、大分この世界に対する免疫力がついていた。


安陪さんは秋田県の玉川温泉の近くに新たに道場を新設した。

玉川温泉は八幡平と田沢湖の中間に位置し、秘湯の激泉といわれるpH1というすごい酸性の温泉で、野外でのラジウム岩盤浴と一緒に、病を治しに多くの患者さんが訪れていた。そこには岡山医大の医療センターがあって指導に当たっていた。もう近代医学では見放されたような人々が遠方から来るような場所だった。

もうもうと立ち上る湯気の中で、岩盤上のゴザの上に、ただ黙々と多くの人が座り込んだり、寝ていたりする光景は、何やら黙示録的情景であった。

安陪さんは今までも時々患者さんを連れて玉川温泉に行って、湯治泊しながら治療をしていたが、その地でももう少し本格的に治療をすることになって、新たに道場を建てたのだった（伊豆の大仁にも道場があって、行ったことがある）。

関係者を集めてそこで開所式をすることになって、我々が協力することになった。豊蔵さんが「未病三昧」という言葉を考えて、我々は生まれてから病や死に至る過程にあるのだが、その状態を病や死に無縁の状態と考えずに、未病の状態であると自覚して、生あることに感謝しその喜びを享受しよう、という主旨の口上書を作った。

式もコメの代わりにリブレフラワーを使ったものにしようということになり、式次第をシガリオが任された。巫女のごとき出で立ちで、会社の女性がリブレフラワー製品を供えるというような儀式だった。お坊さんの道場なのに神式まがいの開所式だったが、誰も不思議に思わなかったようだ。

式には遠方から多くの人が集まって、普通の人に交じって名の知れたそれなりの人も多く、それぞれ勝手に山奥の辺境の湯治場に集まるという、不思議な感じの集まりだった。

実はこの開所式の案内状を発送するのを手伝ったのだが、渡された住所録はまさに世に有名無名の玉石混交状態で、これはこれで興味あるものだった。

かなり著名な能楽者が弟子も連れてきていて、新設の道場で祝いの舞を舞ったりした。

彼も安陪さんに治療を受けていたのだろう。


—


しばらくして豊蔵さんが安陪さんの勧めで玉川温泉に湯治泊している時に、体調を崩し、地元の病院に緊急入院した。もうかなり腎臓の機能が低下しているようだった。

東京に帰ってきて入院した時には、もう腎臓透析をしなければならない身体になっていた。彼はかなり腎臓透析には抵抗したが、医者や我々皆に説得されてシブシブ透析を受け入れた。

やがてその透析の頻度も週三回になったので、彼の活動は以後大きく制約されることになった。

１９８６年頃から続いたバブル景気も、１９９１年頃には弾けて、世の中は不況風が吹き始めた。

そんな中、大成建設も経営的には利益がさして見込めないこの事業の撤退を考え始めた。豊蔵さんと大成建設との丁々発止の折衝の末、大成建設は債務を猶予して手を引くことになった。

私も事務所の存続が急務でもうあまり時間を割けなくなっていた。建築設計の仕事も少なくなって、私の周りでも廃業や倒産する事例が少なくなかった。

そんな中、豊蔵さんと二人でお互いの苦境を嘆きながら、まだまだやる気だけは残っていた。

その時「シガリオ・ジャパン」にいた多くの社員は去ったが、女性軍団は豊蔵さんと一緒に続けてがんばってくれることになった。

2

1998年3月、豊蔵さんは新会社「シガリオ」を設立し、場所も虎ノ門に移し、新たな一歩を踏み出すことになった。田中君も大成建設に戻り、以後は個人的に応援する身となった。私も取締役を辞して自分の設計事務所の仕事に専念することになった。

以後会社は女性パワーが主戦力となった。女性の方が腹が据わっているというのか、待遇もままならない中、皆で豊蔵さんを支えて奮闘した。

その頃はリブレフラワーもそれなりの愛好者集団が形成されていたとはいえ、会社は相変わらずの金欠状態だったようだ。

豊蔵さんは身体の面でも、お金の面でも、人との付き合いの面でも、傍から見ていると随分危なっかしいと思う時もあまり気にしないところがあって（よくいえば鈍感力があって）、かなり危機的状況になっても何とか策をひねり出したり、どこからか救いの手が現れたりすることが幾度かあった。

今回は健康医療の分野で名の知れた鶴見先生の協力で開発した、玄米深煎りのコーヒー状の飲み物「玄米香琲ブラックジンガー」がヒット商品となってくれた。それで豊蔵さんも一息つける状態になった。テレビコマーシャルなども作ったそうだ。

今でもそれが会社の台所を支える主力商品のはずだ。

ジンガーとは耳慣れない言葉だが、豊蔵さんによれば昔の中世ドイツで各地を回って、愛の詩曲（ミンネ）を歌って歩いた吟遊詩人をドイツ語でミンネジンガーというそうで、そこから採ったとのことだった（ラブシンガーといったところだろう）。

豊蔵さんは吟遊詩人という存在に惹かれるものがあったのだろうが、毎度のことだが、彼の言葉に対する感覚には驚かされる。

そういえば、豊蔵さんが初めて大阪で世に問うた玄米全粒粉の商品名はミンネ・リオレだったはずだから、ミンネジンガーの言葉の響きは彼の頭の中に昔からあったのだろう（ちなみにリオレとはフランス語で、コメをミルクで煮たミルク粥のことだ）。

また豊蔵さんはブラックジンガーと同時に、大豆や小豆、他の穀物などを同じ製法で全粒粉にして、それにいろいろな名を付けて製品化を始めた。

これは後から聞いたことだが、新谷弘実先生（彼はアメリカ在住のお医者さんで腸内ポリープ治療の開発で有名）から、シガリオ製品をアメリカでもどうだろう、という話もあったそうだ。新谷さんは健康食事法に熱心で、自ら玄米食を実践していることが切っ掛けで、豊蔵さんとは以前から親交を結ぶようになっていたのだが、彼がリブレフラワー、ブラックジンガー、大豆、小豆などの全粒粉をアメリカでも普及させたいということで、豊蔵さんをアメリカまで招待したそうだ。

聞いて、腎臓透析の身で大丈夫だったのかと心配したが、その後の進展は聞いていなかったが、そう容易な話ではなかったのだろう。

―

健康食品の世界とは玉石混合の不思議な世界で、単価が高いほうが効能を保障するように錯覚される、いってみれば不健康な面もある世界でもあるのだ。

豊蔵さんも私も、リブレフラワーが健康食品の面だけで語られることは不満であった。当初から、これはあくまで基礎食材として、世の中を変えるものであるはずだという思いがあったからだ。

しかし世は正に健康ブームであった。今や「健康」は人生の目的であり、国家目標であり、経済の主戦場であった。テレビコマーシャルが溢れ、とてもその歳には見えないような男女が若さを競い、有名タレントが有名企業のサプリメントを宣伝していた。

二人で会うとこんな話をすることがあった。

本来はやりたいことの手段としてお金が欲しいといったものだが、今はお金持ちになることが人生の目的です、などと人はいう。手段が目的化したのだが、今や誰もその言を怪しまなくなった。

今はそれが「健康」についても同様になった。何がやりたいから、そのために長く健康でいたい、というばかりではなく、「健康」そのものが目的化している場合が多くなった。

今はさらに事態は進んで、本来の「健康」だけが目的化しているのではない。今や「若返り」が商品化の主戦場だ。若返りサプリメント、繁栄するスポーツジム、次々と開発される化粧品、美容整形、増毛技術等々が、世間を賑わせている。

豊蔵さんはそんな時、不健康な身で自分が健康を説くのだから、これはブラックユーモアだ、といって笑っていた。

私は彼の心の無念さの声を聞くような気がしたものだ。

リブレフラワーが健康食品としての面だけが強調されて、その方面の売れ行きに会社の存続を頼らざるを得ない状況に、豊蔵さんは忸怩たる思いでいたはずだ。

だから私は豊蔵さんに会うと、健康食品のオジサンだけで終わらないでよ、といってハッパを掛けたりした。

彼は透析によってその後の行動は制限されたとはいえ、必要な場所に出向いて人に会い、講演をし、執筆に勤しんでいたようだが、やはり以前のようなわけにはいかなかったのは、いたしかたないことだった。しかし半面、健康食品分野においては、豊蔵さんの負担をカバーできる面もあったのだ。

今まで基礎食品素材としてリブレフラワーの普及に努めてきた分野では、豊蔵さんが先頭に立って理念から説き始めなければならないことが多かったのだが、健康食品の世界では、価格はあまり問題でなかったし、販売方法も既存のルートがそれなりに存在していたから、豊蔵さん以外の戦力でも充分対応可能であった。ある意味では、女性戦力の力を発揮し易い分野であったのだ。

豊蔵さんの周りにも、今までの賛同者と違って、健康食品にまつわる話や、その分野の人達が多くなってきたようだった。

その頃になると私も、その変化もあって、以前のようには深入りしなくなっていた。

3

そのような状況の変化の中にあっても、豊蔵さんは、リブレフラワーに託した夢を心に灯し続けていたはずである。

彼はかなり前から、大阪時代の「ブラック・パール」のような、今まで出会った心の通じる人達と集い、語らい、議論し合う場を作りたかったようだ。

実体はないが、彼の頭の中には常に「シガリオ文化研究所」という名がそうした場所として考えられていて、病後もその所長という肩書きで、いろいろな場所に出向いて講演をしていた。

また昔、「シガリオ・ジャパン」を発足させて数年後、会社を浅草橋から両国の江戸東京博物館近くの小さなビルに移したことがあった。その頃は事業もそれなりに順調だった。豊蔵さんにどういう話があったのか知らないが、ここに自社ビルを建てたらどんなものができるだろう、と豊蔵さんがいいだして、２人で考えてみようかとなった。

豊蔵さんは最上階に梁山泊よろしく、皆が集まり、酒を飲みながら議論し、好きに泊まれるような、「粂芽莉穂倶楽部」を作りたいといって、模型なども作って2人で、ああしようか、こうしようか、などといって遊んだことがあった。そういう時は、豊蔵さんは実に楽しそうだった。

豊蔵さんが透析が欠かせなくなり、会社の路線も健康食品の方の比重が増すようになる頃には、私も豊蔵さんに会う機会は減っていた。

豊蔵さんのダンディズムからいって、弱った自分を見せたくはなかっただろうから、私も彼から声がかかった時に会うことにしていた。それでも時々は、田中君を交えて食事をしながら、昔のことを話し合ったりしていた。

そんな中、1998年に豊蔵さんが東大の安田講堂で講演する話が持ち上がった。

当時東大に松本元さんという脳科学者で脳型コンピューターを研究している教授がいて(その頃はまだAIという言葉は普及していなかった)、その教授が退官講演として自分の代わりに豊蔵さんを指名して、彼が講演することになったのだ。

豊蔵さんがどういうことで松本さんと親交を結ぶようになったのか、私には定かでないが、松本さんは脳型コンピューターの研究において、人間の「やる気とは何か」に興味をもってテーマとしていたから、豊蔵さんの人物そのものにいたく興味を持ち、共感していたようだ。豊蔵さんの不可能と思えることに挑戦するというその意欲がそもそも何なのか、興味があったのかもしれない。

豊蔵さんは病気もあって以前のような迫力には及ばないとはいえ、「コメと日本人」という題目で、多くの聴衆を前に自論に熱弁を奮った。

彼の知人、友人も皆彼の晴れ舞台を応援した。

その後、私は豊蔵さんとリブレフラワーに関して行動を共にすることもなく、専ら自分の建築設計事務所の仕事に専念していたのだが、２００９年に、突然心臓をやられて半年近く入院した。

退院後も活動が制限されていたから、ここ数年は豊蔵さんとも連絡を取り合ったりすることはなくなっていた。

それが、一年前に突然会わないか、という電話があったわけだ。連絡を待っていたところ、突然の訃報だったわけだ。

——

私の手元には今、彼の病後に行った講演録、対談録、論文・評論などが少し残されている。帝国ホテル大阪で行った講演「粢の文化」は２０００年とあるから、これが本格的な講演としては最後のものかもしれない。中身は今まで彼から聞いていたことなのだけれど、読むと愛惜の感が深い。

今までに多くの賢人達と行った対談も２００２年にまとめられていた。

私が豊蔵さんと会う機会が減ってから書いたものを読むと、彼は盛んに「ホロニックス」に言及するようになっていた。

彼がいうホロニックスとは一体何だったのか。例えばこうある。

HOLONIX（ホロニックス）とは、HOLON（全体）とNEXUS（連鎖）の造語である。

たとえば、たった一粒の米。米の粒ほどの中に、地球上のすべての生物のＤＮＡモデルがおさまっているといわれている。

たとえば、われわれの住む地球。地球というカプセルの中に「宇宙」の法則性がおさめられている。

細部をじっと見ることで、全体がより深く見えてくる。全体を見渡していると、やがて個と個をつなぎ融合させている複雑微妙な法則性にたどりつく。

Information Technologyの驚異的な進展が、世界を近づける。世界はいやおうなく「ひとつ」になっていく。対立の構造が崩れ、同時に明快な目標を失った世界がどこに向かおうとしているのか、まだ誰も答えをだしていない。世界全体が、いま、混沌の中にある。

われわれは、民族、国家、言語、習慣、宗教、それらすべてを包み込むそのカオスの中から、自らの将来を律する、新しい、普遍的な法則性をみつけださなければならない。

新しい世紀を生きていくための視点を見出す指針として、私はHOLONIXという概念を提唱する。

個は、それぞれのうちに律を持ち、互いの律は連鎖し、融合して新しい個を生み出す。個の連鎖によってつくりあげられた全体は、より大きな全体をめざして統合の道を進む。これが、HOLONIXの基本的な考え方である。

（「ホロニックス」対談２００１より）

私はもはや豊蔵さんとこの「ホロニックス」について話をする機会はなかったが、これを読むと彼のコメに発した思索が、昔からの関心の哲学的分野に向かっているのが感じられる。

豊蔵さんは「ホロニックス」という造語をもって、「全体と個」の問題を考えようとしていたようである。「全体と個」の問題を、コメを微粉体リブレフラワーとするそのアナロジーの中で考えようとしていたのだろうか。

―

「ホロン」という言葉は１９７０年代に、アーサー・ケストラーによって提唱されて、人々の話題となった言葉である。

私は、その意味するところをよく知るわけではないが、私の私見も交えて解釈すれば、以下のようではなかろうかと思う。

科学的思考を支える基盤のひとつに還元論がある。それは物事の現象を全て小さな要素に分解し、その間の関係性を科学的に解明し、それを総和すれば物事の全体が明らかになるとする考え方である。

確かにその考え方は、科学的事象としての「モノ」の解明には有効だろう。しかし「イキモノ」、なかんずく「ヒト」にまつわる事象を解明しようとする時はどうだろうか。「ヒト」も当然「モノ」としての側面を持つのだから、その側面からの究明には有効だろう。しかし生命体や人間社会の現象は、お互いの要素が常に相互に影響を変化させながら動的に推移するものなのだから、それを生きた一つの統合体として理解するためには還元論だけでは無理ではないか。還元論を超えて、要素と全体を動的一体性の下で考える視点が必要とされるだろう。

科学的解明の事象においては、その要素とはあくまで全体の部分であって、必ずしもそれ自体で自立し、意味を有するものとは限らない。それは全体あっての部分であり、その間の科学的関連性が明らかにされて初めて、その役割が理解されるものだ、と考えられる場合が多い。

それにたいして「ホロン（全体子）」という考え方によれば、事象なかんずく「イキモノ」や「ヒト」に係る事象にあっては、要素はどういう小さな要素となったとしても、それ自体は個々自立した完成体として他と影響し合うものだ、という考え方のように思う。例えば人体は様々な器官の集合体である。さらに、その器官も細胞の集合体である。そして、器官も、細胞も、人体の要素であると同時に各々それ自体で独立して意味を有する存在なのだということになる。

また「ネクサス（連鎖）」という言葉は、生き物の細胞間の結合様式を説明する言葉である。

その考え方にたって「ホロニックス」を解釈すれば、全体あって部分があるのではなく、反対に独立した部分があって、その集合のネットワークが全体となる。

人体は個々命ある細胞があって、その集合体が器官と呼ばれ、それら器官の集合体のネットワークとして存在するのが「ヒト」と呼ばれることになる。

そしてそれは、「社会」や「国家」においても同様だと考えられるだろう。まず自立した「個人」があって、その交わりによるネットワークの中から、その関係性を規する法則性が生まれ、そういう「個人」によるネットワーク集合体が、「社会」とか「国家」とか呼ばれることになる。そうあるべきだ、ということになる。

これはまた、１９６０年代に建築家・都市計画家のクリストファー・アレグザンダーが提唱した「セミラティス構造」を想起させるものがある。

彼は、都市や社会組織はツリー型ではなく、ネットワーク型であるべきだと唱えて、それを「セミラティス」の造語をもって説明していたのだ。

豊蔵さんがそういう理解の下にあったかどうか正確には判らないが、個人の関係や社会の在り方は、ツリー型ではなくネットワーク型であるべきだ、と考えていたのは間違いないだろうと思われる。

今ではそういう考え方は、多くの人々が共感する考え方だろうと思われるが、その実現化はそう生易しいものではないのだから、豊蔵さんのようにそれをいろいろなバージョンでいい続けるしかないのだろう。

——

また豊蔵さんは別のところで、一粒のコメが微粉粒になるというのをイメージすることは、ものすごい想像力がいるといっている。一粒のコメが25ミクロンの微粉粒になると、表面積は６００㎡にもなるのだといっている。それはよくよく考えてみれば、驚くべきことだといっている。

昔、製造工程において、リブレフラワーが高熱を発して、粉塵爆発に近い状態になったことがあった。その経験から豊蔵さんは粉体工学にも関心をもつようになった。「モノ」が微粉粒になると、新たな性質、電化作用、浄化作用、吸着作用等が生じるということが、興味を引いたようである。

コメの一粒が微粉粒・リブレフラワーとなると、それが「コメ」の部分であるにもかかわらず、その集合体に新たな意味が現れるということが、彼を刺激したに違いない。そんな考えも「ホロニックス」を考える切っ掛けになったのだろうか。

「細部をじっと見ることで、全体がより深く見えてくる」と彼がいうとき、コメ一粒を見つめることは世界を見つめることに通じる、と思っていたことだろう。

こういう見方は、仏教の華厳経の説くところの「一即多・多即一」を思い起こさせるところがある。華厳の教えに、蓮上の朝露一粒の中に世界を観るという美しい比喩があるが、豊蔵さんはコメ一粒の中に世界を観ようとしたのだろう。

それに関連して思い出すことがある。

私が豊蔵さんと何かの話をしていた時、彼が雑誌の切り抜きだろうか、一枚のイラストを持ってきたことがあった。それは宇宙誕生・ビッグバンのイメージ・イラストで、ブラックホールのような黒点が爆発して、おびただしい星雲が濃淡となって拡散するという、広大な宇宙が誕生する情景をイメージしたイラストだった。

今思うに、豊蔵さんはこのイラストが気に入っていたようで、『ライスパワー』の表紙もこれを多少イメージさせるところがあった。

豊蔵さんはそのイメージの中に、一粒の米が膨大な微粒子のリブレフラワーとなって爆発するというイメージを重ね合わせていたに違いない。

しかも、宇宙に飛び散る微粒子・リブレフラワーは、一粒の米の欠片としてでなく、無数の生ある分身としてイメージされていたに違いない。

私は豊蔵さんと、彼のいう「ホロニックス」について語り合うことはかなわなかったが、もしあったなら、このイメージを共有していたに違いないと思うばかりである。

このイメージは豊蔵さんの中で、「ホロニックス」の言葉と相まって、人間の有機体のありようとしてのイメージ、「社会と個」のありようとしてのイメージ、生命進化の歴史における命の連鎖のイメージ、未来における人間社会のあるべき姿のイメージ等々といったものに重ね合わされていたに違いない。

4

今、彼の残したもの読んでいると、様々な思いが湧き上がる。

豊蔵さんは、自分の夢と身体が既に思うようにならない中で、自分がリブレフラワーに託した夢や、そこから発芽した考えを、少なくとも後に残しておこうとしたに違いないのだ。

私としては、豊蔵さんが悲痛な覚悟でそうしたというより、彼がそういう思索の中に最期の日まで遊んでいたと思いたい。その方が豊蔵さんらしい。

豊蔵さんの本質はやはり「言葉の人」だったのだ。商売人ではなく詩人だったのだ。リブレフラワーも彼の言葉をまとって初めてその輝きを増したのだ。

リブレフラワーは豊蔵さんにとっては夢の発明品だったろうが、冷静に考えてみればその原型は歴史の中に既に存在していたし、科学的な新たな発明品ということはできないだろう（彼の持っていた特許も製品特許ではなく、生産システムや焙煎釜に関するものだったはずだ）。

しかし豊蔵さんは、コメを玄米のまま焙煎全粒紛とすることによって生まれる、社会変革にも通ずるその「意味」を発見したのだといえると思う。彼は「科学的発明」をしたというより、「思想的発見」をしたのだ。

だから豊蔵さんは、その意味するところを、彼の言葉を持って身を削って生涯語らなければならなかったわけだ。

今振り返る時、私が当初より豊蔵さんの心の中に認め、惹きつけられていたものは、彼の「詩人の魂」ともいうべきものだった気がする。やはり夢食うバクだったのだ。詩人が言葉の世界だけに満足できず、世の中の経済や政治の実業の世界に足を踏み入れる時、詩人はアナーキーな改革者にならざるをえないのかもしれない。

彼は自らの夢を語ったが、なぜ多くの人が彼の夢に付き合おうとしたのだろうか。それは彼が片手に言葉、片手に現物・リブレフラワーを持って、ロマンある変革を語ったからに違いない。

豊蔵さんの代役は誰にもできない。それは彼自身が一番よく知っていたはずだ。しかし彼の志を心に刻むことはできる。

会社はしばらく前から次女の沙央さんが、豊蔵さんを助けながら先頭に立ってやっていたから、これからも彼女が皆をまとめて何とかやっていくだろう。彼女の考える形で自由にやればよいのだ。

私は、玄米全粒粉の話には最初から非常に関心があったが、豊蔵さんのように人生を賭するというものではなく、私の関心の中心はむしろ、豊蔵康博という今の世には見出し難い稀なる人間そのものにあった。彼の存在それ自体が私の生き方を刺戟し挑発してくれたのだ。私は豊蔵さんの語る夢の内容もさることながら、そういう豊蔵さんという人間自身に大いに興味を覚え、影響も受けたのだった。

豊蔵さんの主戦場はコメの粉体化だったが、私の主戦場は建築の設計だった。

だから長い付き合いだったが、共に過ごした時間はそれほど多いものではなかっただろう。しかし人生のある時期を豊蔵さんの友人として共に過ごせた日々は、私の心の奥に大切なものとしてこれからも残り続けるだろう。

時々目を閉ざすと虚空を彼の夢が漂っている気がする。

豊蔵さん、一緒に夢を見させてもらってアリガトー。タノシカッタヨー。

２０１４年3月17日　豊蔵さんの一周忌。愛惜と感謝を込めて追憶の一編を献ずる。

彌生十七そうか死んだかあの友は

めぐりくる大寒桜君が命日

8　補記

豊蔵さんの書いたものや講演録は長くなるので、彼がリブレフラワーを完成し、初めて本格的に世に問うた時の高揚感が溢れる詩と、『家庭新聞』にのったインタビュー記事（2000年1月15日）を掲載しておくことにする。

―

詩食　粢芽莉穂の里

太陽の子らよ
神々の子よ
有難くも　嬉び珠え　生命復活の粢《くろこめ》の花粉を
いま　ここに　さずかり珠いしを

この粢《くろこめ》の花粉こそ　大地が　五千年にして賜わりし　天然の米の粉なれば
有難くも　現が世の悪食にて荒《すさ》ぶれし心を癒やし　滅びゆく肉体を護り
飢えゆく民を救い珠いし　保健の宝なり
汝ら　太陽の子よ
有難くも　嬉び珠え
先ずは　太陽の子らに
粢芽莉穂《しがりお》の天恵之米粉《リブレフラワー》として賜わる嬉びを
太陽の子らよ　心から祈りをこめて　食し珠え
穢れし血を洗い
悪食にて　病みし肉体を癒やし　さ迷いみつる精神を救い珠う
十種の一の神宝《パイオ》なればなり
これはまた　大和の国は古代から
豊葦原之国　秋津島　粢芽莉穂《しがりお》の里なれば　粢《くろこめ》が五千年にして甦えり
生命復活の花粉　リブレフラワーとなりて　詩食なりせば
キリヒトの子らも

モハメドの子らも
東方《ひがしえ》の民も　西方《にしえ》の民も
南方《みなみえ》の民も　北方《きたえ》の民も
富めるものも　貧しきものも
国々にたきつ生きる人々の　生命復活の素なれば
いまこそ　世界の隅々にいたるまで
人々は　おなじきものを食し珠えり

——

教育の前に食教育　食べ物は命につながる原点

「21世紀は食医学の時代へ」

2000年というミレニアム（千年紀）に遭遇した私たちは、改めて過去を振り返り、そして来るべき将来を見つめ直す絶好の機会を与えられたとも言えるのではないだろうか。ここ数年学校現場で起こっている痛ましい数々の事件を振り返ってみても、そこには子どもたちの心の荒廃が見えてくる。２０００年という節目を迎えた今、ここからの教育現場は一体どのような方向に進めばいいのだろうか。そして大人たちは子どもたちの明るい将来を、どう示したらいいのか。問題は山積している。そこで今週号では「21世紀は食医学の時代」と説くシガリオ文化研究所会長・豊蔵康博氏に、21世紀への展望をうかがった。

＊食品工業・産業という言葉から見えてくる現在の状況

――日ごろから子どもたちの食育の重要性を説いていらっしゃいますが、教育現場への提言を

食育に関する提言を語る前に、まず我々日本人が現在どのような状況なのかしっかり見据えて、それを改善・努力して前に進まなくてはいけません。例えば戦後食べ物は食品工業とか、食品産業という扱いで今日まで進んできましたが、これは、どういうことかといえば、食べ物に食品添加物を入れ込んで保存をきかせて、流通にのせるということです。この大企業のやり方は、日本人の身体を随分むしばんできたんですよ。問われるのは、この食品工業な発想なんです。ここには命がありません。命を育む食べ物を食べないから、現在の日本人は、おかしくなっているんです。だから私は、食命産業に切り替えなくてはいけないと言っているんです。

シガリオは食命産業を目指している会社ですが、まさに食べることは命なんですよ。命なきものを食べるから、おかしくなるのであって、本来食物連鎖といって、動植物は命と命の交換です。ところが人間だけ、旨いところだけ食べるという、つまり循環を断ち切っているわけですよ。これでは肉体は滅びていきます。米といえば精製した白米を食べる。これは酸化食品であって、食物とはいえません。そういうものを主食にしていくと、副食も酸性になっていき、身体に酸化するものばかりが入ってくる。血液が汚血されて、活性酸素が増えて、あらゆる病気が発生するのです。

一方で健康のためにビタミンBとかビタミンCだとかの栄養補助食品を食べたり、健康食品と称するものを食べたりする。そんなことをしても、それはあくまで補助であって、病気も治りませんよ。基本に自然の命ある食べ物を食べないと、免疫力は低下し、女性は便秘になり、冷え性になる。現在人は、どんどん免疫力が落ちて、チョットしたカゼでも倒れる、それが現実です。家庭でも学校でも命ある食べ物を主食の基本に……。

――ということは学校給食でも、食べ物の基本を見直さなければいけないということにつながりますね

ええ、学校給食は、子どもたちをダメにしていると僕は思っています。そこからまず、変えていかないと……。子どもたちにとって毎日の基本となる主食を家庭でも学校でも変えないといけません。まず基本をしっかりと摂ればいいのです。

コンビニエンスストアに今行ってご覧なさい。ハンバーガーだとかジャンクフードばかりですよ。今1人平均で1日の食品添加物を15～20g摂取していますが、月に600g、1年約6kgですよ。これを10年間やったら蓄積される添加物は大変な量です。身体は自然なものです。自然は自然なものに帰らなくてはダメなんですよ。

病気には内因性のものと、外因性のものとがありますが、西洋医学は外因性の病気には有効なんです。例えば怪我だとか、手術をするとかね。でも循環器系のガンだとか、生活習慣病といわれる糖尿病なんかは内因性で、これは食べ物が大きく作用している。これだけ西洋医学が発達しても、病気は減らないどころか、増える一方でしょ？　生活習慣病とは良く言ったものです。これは西洋医学が白旗を掲げた証拠ですよ。「あなたの習慣を直さなければ治りませんよ」と言っているわけだから。今はアメリカを中心に東洋医学、中医学、アーユルベーダとかを使って治す方法が発達してきています。

はっきりしているのは、食べ物で、あらゆる事が起こっている。特に日本人ほど食べ物を変えた民族はいませんよ。日本人の70％は外国製です。自前のものは、米と一部の野菜ぐらい。パンでもなんでも外国の物です。胃袋は日本人とは言えない、世界の先進国の中で日本だけです、こんなことは。このお釣りが今やってきているのです。

最近の子どもの荒れ方を見ると食べ物が、肉体的・精神的な情緒不安定を作っているのが分かります。昔は貧しいからだとか、家庭が原因だとか、事件を起こす子どもにも理由がありました。今は豊かな家庭で事件が起こっている。今真剣に子どもたちの食べ物を考えないと大変です。教育の前の食育が子どもにとっての第一です。命に繋がる原点である食べ物を見直して欲しい。玄米を粉にすると一物多価多目的多用途に広がります。

――私たちにとって命ある主食とは、どんな物を指すのでしょう

残念ながら今の白米は、死んでいる米です。蒔いても芽を出しません。ところが玄米というのは、生きている米ですから蒔けば芽が出る。ですから玄米が一番いいと思います。ただ食べにくいのが欠点です。そこで私が考えたのが、玄米を粉にしたらどうかという事でした。

今から40年ほど前に、米でなぜパンが作れないのかと思ったのが、玄米の粉末化を考えるキッカケでした。そこで農学の教授に相談したら「とんでもない」という話でした。世

界一の技術を持つ日本で米を粉に出来ないのだからと。出来るなら、とうにやっていると。そこから私の開発が始まったのです。

――リブレフラワーが出来たのは、いつ頃なんですか

そこから約30年の歳月がたって、玄米の粉体化に成功したわけです。

上新粉のように米を粉にしたものは昔からありましたが、おかきやあられなど、製品は限られていたでしょ。ベータデンプンといって構造が違うから、米の粉は冷えたら固くなってしまう。小麦粉のように多目的に使えない。ですから玄米を粉にして、パンなどに使えるというのは、画期的なことなんです。ただ、日本の学者はなかなか解ってくれない。でも飛び抜けた最先端の勉強をしている専門家は、すぐに理解してくれますが……。

また玄米を粉にしたところが非常に重要なんです。玄米は固くて、まずくて栄養があると知っていても、敬遠するでしょ？　粉ならいろんな加工品で食べられる。米の大きな問題は一物一価一用途なんです。それを私は玄米を粉にすることで、一物多価多目的にしたわけです。米を主食にしているのは、唯一日本だけ。圧倒的に粉食の文化です。素材は小麦、とうもろこし、芋と違いはありますが粉でしょ。リブレフラワーは、そういう意味で世界共通の素材にすることが出来たわけです。

また玄米は本来粉にすると油が多いから酸化し、摩擦熱でビタミンが破壊されるといわれてきたわけです。それを栄養価を損なうことなく、25ミクロンという粉にしたんです。これなら消化率（ペプチン消化率）も83％。生後3カ月の赤ちゃんでも栄養を吸収します。玄米は130回噛んでも、消化率は10％と言われていますから、これは大変な事なんです。

＊粉にして喜ばれる援助物質　21世紀の食糧は米で解決

――学校の子どもたちが援助米を自ら作って、長野県にあるシガリオの加工工場で粉末化させてアフリカなどに援助物質として贈ったという話を聞きましたが

ええ。粉にした方が、輸送・保存だけでなく、食べ方としてもいいんです。米を粉にして贈ったら、すぐ食べられるから、その日のうちに飢餓を救えます。

アフリカなどの国では、玄米を粉にしたものは薬なんですよ。すぐ病院食になるし、免疫力が高まるから子どもたちの下痢も止まってしまう。粉の薬は一服で効くでしょ。なぜなら粉は吸収率がいいからです。玄米を粉にして贈れば、パン、パスタなどあらゆる料理に使えます。

日本は国際援助がヘタな国ですからね。お金をバラまいても尊敬されない。援助の米を贈っても、棚ざらしになっているのが現状でしょ。それはなぜ？　相手の立場に立って物を贈らないからです。だから粉食文化の国には、米を粉にして贈るのが重要なポイントなんです。

――21世紀は、米は限りなく粉食の世界に入っていくというわけですね

ええ。そして粉にしても食べ物は、経済的でおいしくないといけません。グルメ＆ヘルシーです。嫌々食べるのはダメ。食べ続けて健康にならないと。今人口は60億ですが、２０５０年には１００億人になると言われています。21世紀は、大変な食糧問題が起こってくるんです。足りない食糧を何で補うか、答えは明白。最優先権は米ですよ。なぜなら小麦は輪作で土地が、どんどん痩せていく。米は連作ですから永遠に作れる。

アメリカは今真剣に、どう米に転化したらいいか考えています。ところが、どうです？日本は減反政策という愚策で米を減らそうとしている。米が無くなったら日本は終わりです。自分で食べられる事を外したら、商業国家になるということです。さ迷える流浪の民になってしまう。真剣にキチッと考えないといけません。

――21世紀に向けて日本の進むべき道は何となく見えてきたような気がしますが

そうですね。皆解決策のない問題提起をしているから、不安になる。経済問題でも食の問題でもね。でも命ある食べ物を作っている我々は、ゆるぎないわけです。日本人は突き詰めれば何であるかということです。哲学的には人生観、文化の問題です。米は宇宙の涙なんです。1粒に太陽と土と水の光合成全てがパッケージされている。すごいエネルギーです。それを捨て去ってはいけません。

宗教を見ていても見えない事が多いけれど、食べ物を見れば、世界が見えてくる。だから私は21世紀は、必ずホロニズムの時代がやってくると思っています。ホルス＝全体とネクサス＝連鎖。生命連鎖、食物連鎖のことです。

今世界は神も信じられない。物質にも限界が見えてきた。だから物質社会から非物質社会までを包括した世界を統括する思想が必要なんです。世界に統合し、かつ融合して緊張連鎖の関係。それがホロニズムの世界です。すでにヨーロッパはユーロになり、日本では財閥同士の融合が起こっている。今人類は一緒になろうとしています。そして日本こそ世界のリーダーシップを取らなければいけない。日本は溜まり醸造、発酵の文化ですよ。なぜなら３００～４００年の稲作を通して様々な渡来した民族が、熟成して発酵して一体化して単一民族といわれるようになった。つまり融合するのは得意中の得意なんです。子どもたちの未来を明るくするためにも、我々はホロニクスフード、つまり命ある食べ物を通して食医学の時代を作っていかなくてはいけません。そして教育現場は100年後を考えて、正しい食育から始まって、日本人のアイデンティティーを失わないよう、夢と明るい未来を与えられる教育を実践して欲しいと思います。

——どうもありがとうございました

鈴木　喬（すずき　たかし）

1941年東京生まれ
30歳より建築設計事務所を主宰

【既刊】
『追分ひとり遊び』（2021、幻冬舎）
『遠き時空に谺して』（2022、幻冬舎）
『「無限」は夢幻か』（2023、東京図書出版）

粢の詩

2024年1月28日　初版第1刷発行

著　　者　鈴木　喬
発 行 者　中田典昭
発 行 所　東京図書出版
発行発売　株式会社 リフレ出版
〒112-0001　東京都文京区白山 5-4-1-2F
電話（03）6772-7906　FAX 0120-41-8080
印　　刷　株式会社 ブレイン

ISBN978-4-86641-702-8 C0095
Printed in Japan 2024